この1冊で伝わる資料

Power Point 暗黙のルール

中川 拓也・大塚 雄之・丸尾 武司・渡邊 浩良 [著]
松上 純一郎（株式会社Rubato）[監修]

本書のサポートサイト

https://book.mynavi.jp/supportsite/detail/9784839976255.html
サンプルファイルの案内のほか、補足情報や訂正情報を掲載してあります。

- 本書は2021年9月段階での情報に基づいて執筆されています。
  本書に登場するソフトウェアやサービスのバージョン、画面、機能、URLなどの情報は、すべて原稿の執筆時点でのものです。
  執筆以降に変更されている可能性がありますので、ご了承ください。

- 本書に記載された内容は、情報の提供のみを目的としております。
  したがって、本書を用いての運用はすべてお客様自身の責任と判断において行ってください。

- 本書の制作にあたっては正確な記述につとめましたが、著者や出版社のいずれも、本書の内容に関してなんらかの保証をするものではなく、内容に関するいかなる運用結果についてもいっさいの責任を負いません。あらかじめご了承ください。

- 本書中の会社名や商品名は、該当する各社の商標または登録商標です。

- 本書中では™および®マークは省略させていただいております。

はじめに

「パワポでの資料作りを依頼されたけど、どこから手を付けたらよいかわからない」
「パワポ資料作りに時間がかかる」
「作った資料が相手にうまく伝わらない」
私達は2011年から資料作成についてのセミナーを開催し、受講生のこのような悩みに向き合ってきました。

そこで感じたのは、資料を作る人なら知っておくべき「暗黙のルール」を知らない人が、非常に多いということでした。一方でそういった「暗黙のルール」は会社では教えてもらえず、個人任せになっているという現実も見てきました。

私達はそういった「暗黙のルール」の言語化に取り組んできました。例えば、グルーピングや書式コピーといった必須のショートカットキー、わかりやすい図解やグラフの型、資料構成の作り方などです。そして、受講生がそれらのルールを実践するだけで、資料作成が飛躍的に効率的になり、かっこいい、わかりやすい資料作りが可能になることを実感してきました。

本書はPowerPointの操作は最低限わかるけど、資料作成の流れやルールを知らない人を対象にしています。資料作成の流れに沿って構成していますので、資料作成の際に手元に置いていただければ、スピーディにわかりやすい資料を作ることが可能になります。

この本には、効果的な「暗黙のルール」を厳選して掲載しており、実践していただければ、周りからの評価が一気に変わることは間違いありません。本書が皆さまのお役に立つことを著者一同、心からお祈りしております。

2021年9月

松上純一郎（株式会社Rubato 代表取締役）

中川拓也, 大塚雄之, 丸尾武司, 渡邉浩良

もくじ

はじめに ———————————————————————————————— 003

本書の読み方 ————————————————————————————— 008

第1章 環境設定と情報整理のルール ————————— 009

1.1 なぜ資料作成が必要？

解説　資料作成は今の時代に必要なスキル ————————————— 010

解説　目指す姿は一人歩きする資料を早く作ること ——————— 011

解説　社内のフォーマットを確認する ————————————————— 013

1.2 作業環境を整えよう

ワザ01　スライドサイズはA4にする ————————————————— 015

ワザ02　スライドの使用範囲はガイドで明示する ——————————— 016

ワザ03　スライド番号は忘れずに入れる ——————————————— 020

ワザ04　使用する色はベースとアクセントの2色 ——————————— 022

ワザ05　フォントは資料の印象を左右する —————————————— 027

解説　書式を統一してくれる強い味方　スライドマスター ——————— 030

ワザ06　自動保存で突然のフリーズに備える ————————————— 034

解説　ひな形ファイルは保存しておく ————————————————— 037

解説　資料作成を楽にする　便利なショートカット30個 ——————— 038

解説　操作を早くする魔法　QATBとは？ ——————————————— 040

ワザ07　QATBはリボンの下に表示する ——————————————— 042

1.3 資料の骨組みを考えよう

解説　いきなりパワポに触らない ——————————————————— 047

解説　締め切りに間に合うスケジュールを決める ——————————— 049

解説　資料作成のステップ1　目的を設定する ———————————— 050

解説　資料作成のステップ2　情報は相手に合わせて整理する —————— 053

解説　資料作成のステップ3　ストーリーを作成する ————————— 055

解説　ワンスライド・ワンメッセージを意識する ——————————— 059

004

| 解説 | 資料作成のステップ4　スライドイメージを手書きする | 060 |
| 解説 | スライド構成は「タイトル・サマリー・目次・内容・結論」 | 063 |

第2章 資料作成のキホン 文字入力と箇条書きのルール　065

2.1 見やすい資料を作る基本の文字入力

ワザ08	文字の拡大と縮小はショートカットキーで時短する	066
ワザ09	文字の配置は統一する	068
ワザ10	重要な部分は文字の色を変えて強調する	071
ワザ11	文字強調は最後にまとめて書式コピー	073
解説	文字切れには御用心　改行位置は読みやすさを意識して	075

2.2 箇条書きのルールを知ろう

解説	わかりやすい資料の秘訣は箇条書き	076
ワザ12	箇条書きを手打ちはNG	078
ワザ13	箇条書きの階層を利用して情報を整理する	081
ワザ14	箇条書きの階層は3つまでに絞る	083
ワザ15	小見出しを活用して一目でわかる資料をつくる	088

第3章 暗黙の図解作成のルール　093

3.1 図解の重要性と型

解説	図解の活用で情報は伝わる	094
解説	3つの図解のパターン　1. 列挙型	096
解説	3つの図解のパターン　2. 対比型	098
解説	3つの図解のパターン　3. フロー型	101
解説	図解に使用する基本の図形	103

3.2 わかりやすい図解を作ろう

| 解説 | 図解作成の4つのステップ | 106 |

ワザ16	図形のサイズをきれいに揃える	107
ワザ17	図形はコピペで賢く・素早く配置する	110
ワザ18	図形は均等に整列で見栄えよく	112
ワザ19	図形は平行移動でズレ知らず	116
ワザ20	パレットにない色への変更はスポイトを使う	119
ワザ21	色の濃淡を活用して情報の強弱を表現する	120
ワザ22	図形に「文字」を入れる	122
ワザ23	図形に「要素番号」を振る	124
ワザ24	「既定の図形」で書式を自動反映する	126
ワザ25	大事な部分を強調する	128
ワザ26	図解はグループ化して最終調整する	131

第4章 情報を視覚化して伝える 表とグラフのルール
133

4.1 表をマスターしよう

解説	情報整理の強い味方　表の3つの種類	134
ワザ27	既定の表スタイルは使わない	136
ワザ28	重複する項目はセル結合で整理する	140
ワザ29	先頭行と列のサイズを変更して内容部分を目立たせる	142
ワザ30	表の強調は枠線の変更で表現する	144
ワザ31	評価を追加して伝わる表を作る	147

4.2 グラフをマスターしよう

解説	データを一瞬で相手に伝える　伝わるグラフ	150
ワザ32	データの比較に最適　棒グラフ	152
ワザ33	構成比が一目瞭然　円グラフ	156
解説	データを並べ替えて意図を伝える	160
ワザ34	グラフはベースカラーに合わせて変更する	163
ワザ35	メッセージに合わせて強調を忘れずに	165

4.3 効果的な画像の使い方をマスターしよう

解説	画像は直感で伝わる資料の強い味方	169
ワザ36	画像の拡大・縮小は縦横の比率に気を付ける	171
ワザ37	トリミングして画像をスライドサイズに合わせる	173
ワザ38	図のスタイルの利用はほどほどに	175
ワザ39	ピクトグラムで資料はより直感的になる	177
ワザ40	「透明色を指定」で画像の背景を透過する	180
ワザ41	ピクトグラムの色はベースカラーに変更する	183

第5章 提出前に要確認！資料作成 暗黙のルール　185

5.1 資料作成の応用表現

解説	1枚のスライドの中にも流れがある	186
解説	スライド分割を活用してバランスのよい資料作りを	188

5.2 資料提出前の最終チェック

解説	資料提出前の最終確認で万全を期す	190
解説	印刷は白黒印刷よりグレースケール	192
ワザ42	重要な資料にはパスワードをかける	194
ワザ43	ファイルを圧縮してメールに添付する	196

5.3 参考スライド

解説	桃太郎印 きび団子のご案内	198
	スライドダウンロードのご案内	203

索引	204
著者プロフィール	206

本書の読み方

本書は「ワザ」と「解説」、2種類のページによって構成されています。

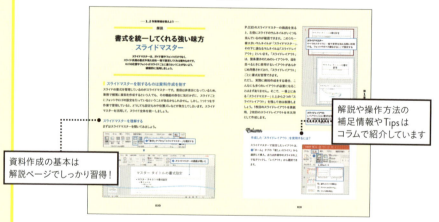

知っていると仕事力アップ！誰も教えてはくれなかったPowerPointの資料作成
とっておきのワザを操作方法をまじえて説明します。

何となくの理解で資料作りを進めていませんか？
解説ページでは、一人歩きする資料を作る暗黙のルールをしっかり解説しています。

第1章

いきなりパワポ、開いていない?

環境設定と
情報整理のルール

資料作りを頼まれたからといって、
いきなりPowerPointを開くのはちょっと待って!
まずは作業を効率化する環境設定と情報の整理、
2つの準備から始めましょう。

—— **1.1 なぜ資料作成が必要？** ——

■ 解説 ■

資料作成は
今の時代に必要なスキル

プレゼンテーションや社内外における会議など、ビジネスではさまざまな場面で資料を
作る機会があります。まずは、資料作成における重要ポイントをしっかり理解しましょう。

▌よい資料は「人を動かす」

仕事をスムーズに進めるために重要なこと、それは究極的には「人を動かす」ことです。「人
を動かす」というとまるで命令によって無理やり何かをしてもらう、と勘違いする人がいるか
もしれませんが、そうではありません。

目指すべき「人を動かす」姿とは、相手の想いや興味・関心を理解して、相手が動けな
い理由や制約条件をくみ取り、具体的な行動を提案して、納得感をもって「動いてもらう」
ものです。そのためには、人との情報共有や意思決定にかかわるコミュニケーションが大
きな役割を果たします。

ビジネスの意思決定には、複数の立場の関係者がかかわることが一般的です。例えば法
人向けに社員用パソコンの営業をする場合、「窓口となる購買部門」「実際に製品を使用す
る社員」「最終的な決定権限を持つ意思決定者」などが存在します。プロジェクトにかかわ
る人数が増えると、関係者全員と直接コミュニケーションをとることは難しくなります。そこ
で必要になるのが、自分の伝えたいことを誤解なくスムーズに伝え、意思決定のプロセス
を前に動かしてくれる資料です。資料を通して多くの関係者と同じ情報を共有し、自分の
提案に巻き込むことができます。

最近では非母国語でのやりとりや、在宅での
オンライン会議も増えています。こうした状況
下でも、資料は言語的なハンディキャップを
補ってくれたり、情報を共有して同じ認識のも
と議論ができるようになるなど、さまざまなメ
リットをもたらしてくれます。

適切な資料は自分の代弁者となって相手に情報
を伝えてくれる

—— **1.1 なぜ資料作成が必要？** ——

解説

目指す姿は
一人歩きする資料を早く作ること

ビジネスをスムーズに進めてくれる「一人歩きする」資料と
「早く作る」ことの重要性を理解しましょう。

一人歩きする資料を目指す

本書が目指す資料作成は、「一人歩きする」資料を作成することです。「一人歩きする」資料とは、相手に直接説明をしなくても、読み手が誤解なくスムーズに内容を理解できるものを指します。いわば、自分の分身となり内容を伝えてくれる資料のことです。

「一人歩きする資料」には、5つのポイントがあります。

1. メッセージが明確である

　情報が豊富でも、伝えるメッセージは、「シンプルに明確にすること」が意識されている

2. パッと見てわかる

　文章ではなく、図解やグラフで表現し、重要箇所が強調されている

3. 情報が整理されている

　小見出しや図解の型を活用することで情報がわかりやすく整理されている

4. 根拠が述べられている

　伝えたい内容を支える根拠がしっかり記載されている

5. 読者のアクションが明確である

　相手に期待するアクションが具体的になっており、最終成果までにいたるステップが明確に区分されている

資料作成に時間をかけすぎるのはNG

資料は作成することがゴールではありません。目指すゴールとは、わかりやすい資料によって読み手に情報を適切に伝え、動いてもらうことです。しかし、伝わりやすい資料を作成す

るためとはいえ、資料作成ばかりに時間をかけていては本末転倒です。

資料を通して目的を達成するためには、プレゼンや提出までに周囲からフィードバックをもらい、指摘を受けた部分を補うための時間も必要となります。まずは、たたき台となる資料を 🔌 手早く作成することで、考える時間を捻出して質を高めることができます。

🔌 最近ではワークライフバランスの重要性が高まっています。資料を早く作ることは、仕事の効率化だけでなく、プライベートの充実にもつながります。健康的な生活を送ることは、よりよい仕事をするための大切な土台となります。

資料作成は効率化できる

資料作成のスピードを高めるために、PowerPointの操作を効率化する設定をしておきましょう。例えば、進め方を合理化するために、本書ではまず作業環境を設定することから始めます。社内テンプレートの確認や、適切なスライドサイズやフォント、色の選択、スライドの使用範囲を規定するガイドの設定などを事前に行うことで、資料作成にかかる手間を省くことができます。

特にクイックアクセスツールバー（QATB）の設定は、ショートカットと並んで資料作成の効率性を高める上で必須になります。第1章では、作業環境を整える初期設定の方法を紹介していきます。

🔌 本書では図解の型や表の型なども紹介しています。情報に適した型を活用することで、読み手に一番わかりやすい形で伝えることができるだけでなく、資料作成を時短化することもできます。

—— **1.2 作業環境を整えよう** ——

解説

社内のフォーマットを確認する

スライドを作成する前に、社内のフォーマットを確認しましょう。
スライドはさまざまな構成要素によって成り立っています。

組織・団体のフォーマットは必ず確認

PowerPointを使用して資料を作成する前に、必ず所属する組織・団体に規定のフォーマットがないかを確認しましょう。

社外に出す資料は会社のイメージを体現するものです。異なるフォーマットを使用すると組織や団体のブランドイメージを損なうことにもつながりかねません。所属する組織・団体のフォーマットが存在する場合は、必ずそれを使用しましょう。

スライドレイアウトを構成する6つの要素

スライドレイアウトは主に、①スライドタイトル、②スライドメッセージ、③ボディ、④脚注、⑤出所、⑥ページ番号で構成されています。なお、ボディの内容によっては脚注を記載しない場合もあります。

これらのうち1つでも要素が欠けていると、何を伝えたいスライドなのかわかりづらい資料になってしまいます。中でも特に忘れてしまいがちなのが出所です。出所がないスライドでは、どのような情報をもとにスライドを作成したのか、読み手は確認することができず、資料自体の信ぴょう性が失われてしまいます。スライドを作成する際には、必ず各スライドに6つの要素があるかどうかを確認しましょう。

> 会社規定のスライドフォーマットにこの6つの要素がない場合は、スライドマスターからスライドフォーマットを修正（P.030参照）し、6つの要素を入れるようにしましょう。

第1章 環境設定と情報整理のルール

スライドフォーマットの6つの要素

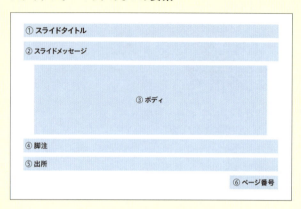

要素	内容
① スライドタイトル	スライドの全体像を簡潔に表すタイトルをつける
② スライドメッセージ	スライドで主張したいことを書く
③ ボディ	メッセージの根拠となる分析結果や、概念図を図解やグラフの形で書く
④ 脚注	ボディの内容に関する追加情報（内容を理解する上で留意すべき点）を書く
⑤ 出所	ボディの作成に使用した元データの出所を記載する
⑥ ページ番号	各スライドにページの番号を振る

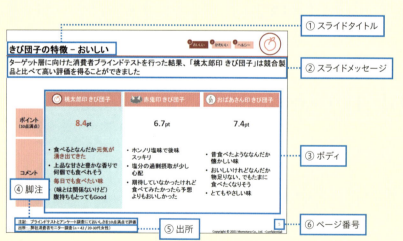

※ ④ 脚注はボディの内容に関する追加情報がある場合のみ

暗黙のワザ 01

――1.2 作業環境を整えよう――

スライドサイズは A4にする

ワザレベル1
☺ ☺ ☺

スライドサイズをA4に変更する

スライドサイズはデフォルトでは、ワイド画面（16：9）や標準（4：3）に設定されています。閲覧資料として印刷される場合、この設定ではA4の用紙サイズと縦横比が合わないため、きれいに印刷ができません。スライドサイズは紙に印刷をすることを想定して、最も多く利用されている用紙サイズのA4に設定しましょう。

スライドサイズを変更する

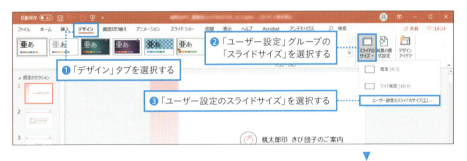

第1章 環境設定と情報整理のルール

015

暗黙のワザ 02

―― 1.2 作業環境を整えよう ――

スライドの使用範囲は
ガイドで明示する

ワザレベル3
☺☺☺

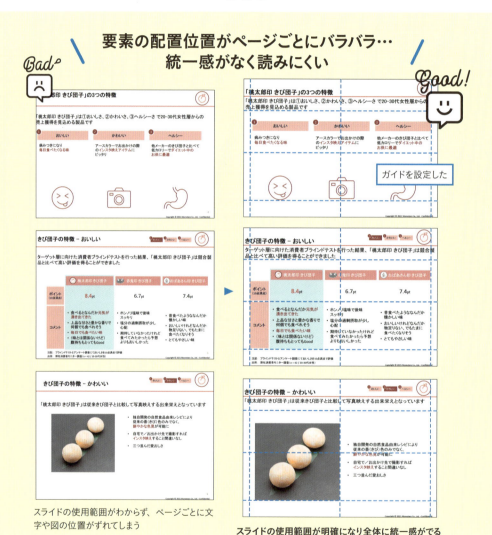

スライドマスターでガイドを設定して使用範囲を統一する

PowerPointで資料を作成する際には、使用範囲（領域）をガイド線で明示しましょう。ガイドによって、スライド作成時の使用可能領域が明確になります。

ガイドを設定せずにスライドを作成すると、要素の端が揃わず統一感のない資料になってしまいます。使用領域を統一することで、資料自体の信頼性を高めることができます。

スライドの使用範囲を決める「ガイド」は標準の作業画面でも設定できますが、スライドマスター上で設定することが理想的です。スライドマスターでガイドを設定することで、作業中にガイド線を触って動かしてしまうということがなく、ストレスを感じずに作業できるようになります。

Column

スライドマスターとは

スライドマスターは、スライドのデザインをまとめて管理する機能です。スライドマスターで書式を設定することで、すべてのスライドの書式を統一することができ、効率よく作業ができます。スライドマスターは、本書のさまざまなところで登場します。P.030では、スライドマスターの仕組みについて説明しているので基本の使い方をマスターしておきましょう。

理想的なガイド設定ライン

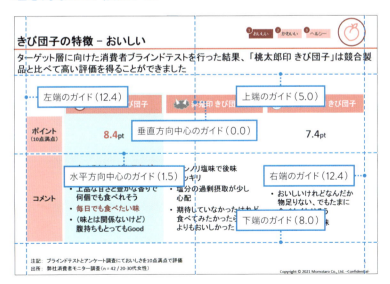

ガイドを設定する

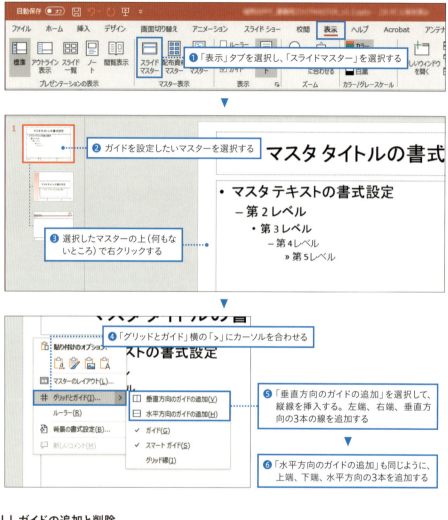

ガイドの追加と削除

手順❺のガイドの追加は、マウスをガイドの上に合わせて両矢印に変化した状態で右クリックすると表示される一覧タブから、「垂直方向のガイドの追加」「水平方向のガイドの追加」を選択します。同じ一覧から「削除」を選択すると該当のガイドが削除されます。

❼ ポインターが両矢印に変化した状態で左クリックして
ガイド線を移動したい場所までドラッグする

🖍 ガイドの移動

手順❼で、プレースホルダーなどが重なっている場所でガイドにマウスを合わせてもポインターは変化しません。ガイド線以外のない場所にマウスを合わせましょう。

❽ ガイドが設定できたら「マスター表示を閉じる」を選択する

🖍 P.017の「理想的なガイド設定ライン」は、スライドの作りやすさと読みやすさを両立するための1つの基準値です。企業のフォーマットに合わない場合は、この基準値を参考に適宜調整して設定するようにしましょう。

暗黙のワザ **03**

―― **1.2 作業環境を整えよう** ――

スライド番号は忘れずに入れる

ワザレベル1
☺ ☺ ☺

\ プレゼン時の質問……
スライド番号がないため説明に戸惑ってしまった！ /

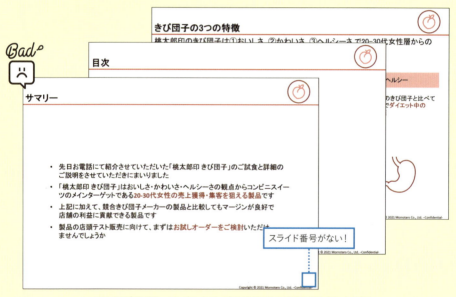

スライド番号が入っていないため、読み手がどこまで進んだかがわからない

■ スムーズな会議の進行のためにスライド番号は必ず表示して

説明資料には必ずスライド番号を挿入するようにしましょう。
スライドにページ番号が挿入されていないと、プレゼンや会議の際にページを指定して説明することができなかったり、聞き手から質問があったときに該当ページをすぐに見つけることができず、スムーズな進行を妨げることになってしまったりします。

スライド番号を挿入する

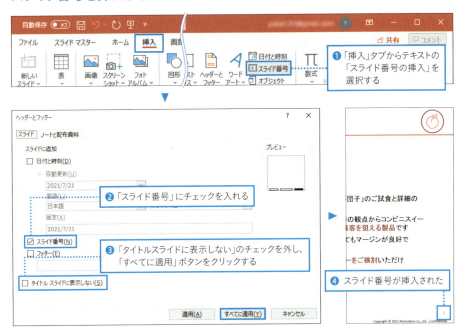

> 表紙（タイトルスライド）にページ番号を入れたくない場合は、❸「タイトルスライドに表示しない」にチェックを入れましょう。

Column

スライド番号に表紙を含めたくない場合

上記の方法では、表紙ページも含めてスライド番号が振られてしまいます。❶「デザイン」タブを選択し、❷「ユーザー設定」の「スライドのサイズ」から「ユーザー設定のスライドのサイズ」を選び、❸「スライドのサイズ」画面の「スライド開始番号」を「0」に変更することで、本文を1ページ目に設定することができます。

暗黙のワザ

―― 1.2 作業環境を整えよう ――

使用する色は ベースとアクセントの2色

ワザレベル2

色がごちゃごちゃしていて情報に集中できない……
センスがよくて見やすい配色ってどうすればいいの?

Bad°

多くの色が利用されていて、どこを見てよいかわからない。警戒色である黄色と赤を用いているのもNG

Good!

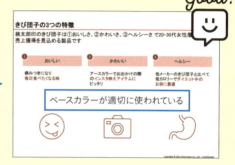

統一感があり、注目ポイントが自然にわかる

色相環に基づいて使う色を決める

資料の作成時、内容を目立たせたいばかりに多くの色を使用してしまうことはないでしょうか。何色も使って作成された資料はたしかに派手ですが、どこに注目してよいかがわかりにくく、散漫な印象を読み手に与えてしまいます。資料で使う色のトーンは統一しましょう。資料作成ではベースカラーとアクセントカラーの2色を使用します。色を選ぶにはデザインセンスが必要と思われがちですが、色相環と呼ばれる色の配列図を利用することで洗練された配色ができるようになります。

背景色は白が基本

配色を決める前に、まず背景色を選びましょう。背景色とはスライドの最も大きな面積を占める基本となる色で、その名の通り背景や余白に用います。ベースカラーやアクセントカラーの引き立て役となる色になるため、プレゼン資料では白を使うのがよいでしょう。

ベースカラーを選ぶ

資料のテーマカラーとなるベースとなる色を決めましょう。ベースカラーは資料の中で一貫して使う色のことです。色相環の中から1つ選びますが、会社のコーポレートカラーがある場合は、その色をベースカラーとして利用しましょう。

ロゴから色を抽出する方法は第3章のP.119で解説しています。

アクセントカラーを選ぶ

ベースカラーが決まったら、次にアクセントカラーを選びます。アクセントカラーは資料の中で強調したい部分に用いる色です。色相環を見てベースカラーの反対側に位置する色を選びましょう。例えば赤をベースカラーとして選んだ場合、赤の反対側に位置する青緑をアクセントカラーとして選びます。

色相環

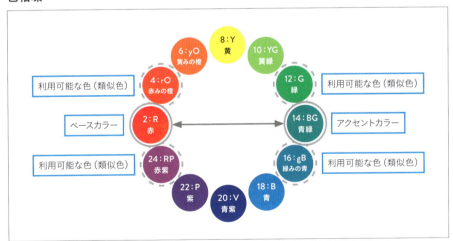

ベースカラー・アクセントカラーは、色相環の左右両輪の色までは類似色として利用できます。色相環上でアクセントカラーに該当する色が黄色や黄緑のように目立ちにくい場合は、その隣に位置するオレンジや緑を使用することも検討しましょう。

ベースカラーとアクセントカラー

ベースカラー	アクセントカラー
・資料の中でテーマカーラーとして一貫して使う ・色相環で1色を決定する ・類似色として左右両隣の色までは使ってもよい	・強調したい部分に使う ・色相環上でベースカラーの反対側に位置する色 ・色相環で1色を決定する ・類似色として左右両輪の色まで使ってもよい

使用する色は3色に限定する

資料の色は読み手の印象を左右します。読みにくい、伝わりづらい印象となる資料の多くは、過度に色を使いすぎたり、警戒色と言われる赤や黄色を多用していることが原因です。1枚のスライドで用いる色は、背景や余白で用いる背景色、資料のデザインを印象づけるベースカラー、読み手の目を引くために用いるアクセントカラーの3色に限定しましょう。なお、アクセントカラーを用いた強調表現以外にも、ベースカラーのグラデーションを利用して、内容の細かな違いを表現することが可能です。

ベースカラーのグラデーションを利用した表現方法

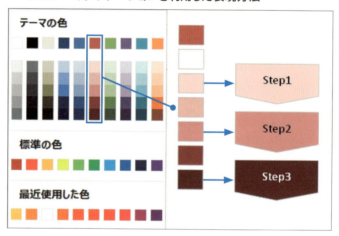

配色の変更はスライドマスターで設定すると便利

配色の変更はスライドマスター上で設定すると、「カラーパレット」に「テーマの色」として表示されるため資料の作成が楽になります。

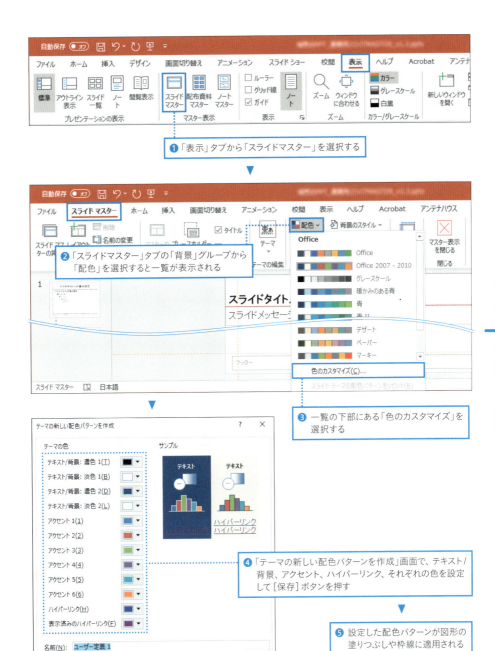

配色パターンの設定

「色のカスタマイズ」画面を開くと、テーマの色として設定できる項目がいくつもあり、どのように設定すればいいか戸惑う人もいるでしょう。以下の項目を確認しながら、ベースカラーとアクセントカラーを設定しましょう。

項目	設定色	備考
【テキスト/背景：濃色1】	黒	メインで使用するフォントカラー
【テキスト/背景：濃色2】	白	スライドの背景に使われる背景色
【テキスト/背景：淡色1】	黒	「テキスト/背景：濃色1」と「濃色2」を主に使うため、濃色1と同じ色に設定
【テキスト/背景：淡色2】	白	「テキスト/背景：濃色1」と「濃色2」を主に使うため、濃色1と同じ色に設定
【アクセント1】	ベースカラーを設定	資料のテーマとなるカラー
【アクセント2】	アクセントカラーを設定	資料の中で強調したいときに使うカラー
【アクセント3以下】	ベースカラーのグラデーションを設定	

カスタマイズ適用例

「テーマの新しい配色パターンを設定」画面

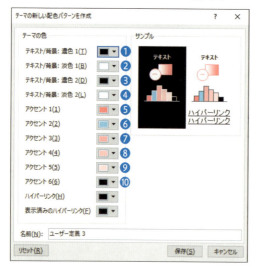

「フォントの色」一覧

スライドマスターでベースカラーとアクセントカラーを設定しておくと、第3章以降の図解やグラフなどの作成時に色の変更をする手間が省けます。

暗黙のワザ 05

――1.2 作業環境を整えよう――

フォントは資料の印象を左右する

ワザレベル1

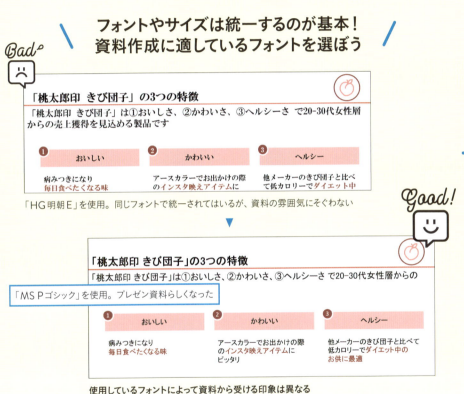

読み手に与えたい印象によって使用するフォントを変える

普段何気なく使っているフォントですが、それぞれに特徴があります。作成する資料が「ビジネス」と「カジュアル」、どちらの場面に当たるものかを理解した上でフォントを選びましょう。例えば、「MS P明朝」や「MS Pゴシック」はフォーマルな印象を与え、「メイリオ」はややカジュアルな印象を与えます。

フォントの違いとそれぞれの利用シーン

	ゴシック体 （MS Pゴシック）	明朝体 （MS P明朝）
特徴	横線と縦線の太さがほぼ同じ 見せる資料に向いている	本文に適しており、読む資料に 向いている
利用 シーン	ビジネスプレゼン	稟議書類 アカデミックペーパー
例	桃太郎	桃太郎

奇抜なフォントは避け、汎用性が高いフォントを選ぶ

スライド資料の場合、多くのビジネス資料で利用されている「MS Pゴシック」を利用するのが間違いないでしょう。線が太目で視認性と判読性が高いためです。最近では、Window10をアップデートすれば標準で搭載されているユニバーサルフォントの「BIZ UDPゴシック」の利用もおすすめです。

フォントサイズは配布資料とプレゼン資料で変更する

会社で決められているサイズ指定がない場合、配布資料の場合は本文のフォントを14pt以上、プロジェクターなどを利用して大勢の人にプレゼンする資料の場合は20pt以上に設定します。

スライドの構成要素におけるフォント数の目安

		配布資料	プレゼン資料
スライドタイトル		24pt	36pt
スライドメッセージ		20pt	32pt
ボディ	小見出し	18pt	28pt
	本文	14pt	20pt
脚注		12pt	16pt
出所			
ページ番号			

スライドを構成する要素ごとのフォントサイズは事前にしっかり決めておきましょう。特に複数人で1つの資料を作成する際には、フォントサイズを決めておくことで、修正作業を短縮することができます。

フォントはスライドマスターで設定する

スライドマスターでテーマとなるフォントの設定をしましょう。

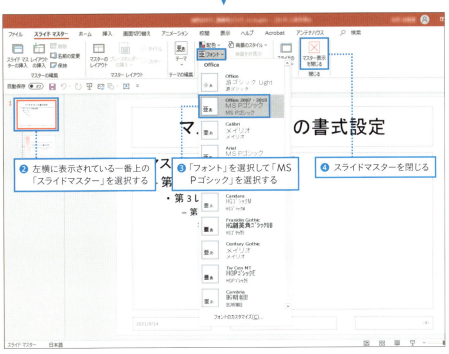

―― 1.2 作業環境を整えよう ――

解説

書式を統一してくれる強い味方
スライドマスター

スライドマスターは、ガイド線やフォントだけでなく、
スライド共通の書式や見た目を一括で設定してくれる優れものです。
ロゴの位置やフォントがスライドごとに違うということがないよう、
積極的に活用しましょう。

スライドマスターを制するものは資料作成を制す

スライドの書式を管理しているのがスライドマスターです。普段は非表示になっているため、業務で頻繁に資料を作成するという人でも、その機能の存在に気付かずに、スライドごとにフォントやロゴの設定を行っているということがあるかもしれません。しかし、1つ1つを手作業で管理していると、どうしても設定モレや位置ズレなどが発生してしまいます。スライドマスターを活用して、スライド全体を統一しましょう。

スライドマスターを理解する

まずはスライドマスターを開いてみましょう。

❶「表示」タブから「スライドマスター」を選択する

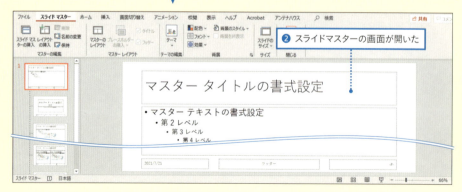

❷ スライドマスターの画面が開いた

P.030のスライドマスターの画面を見ると、左側にスライドのサムネイルがいくつも並んでいるのが確認できます。このうち一番大きいサムネイルが「スライドマスター」、その下に連なるサムネイルは「スライドレイアウト」といいます。「スライドレイアウト」は、箇条書きのためのレイアウトや、図を並べるときに使用するレイアウトがあらかじめ用意されており、「スライドレイアウト」ごとに書式を管理できます。

ただし、実際に資料作成をする場合、こんなにも多くのレイアウトが必要になることはまずありません。そこで、一番上にある「スライドマスター」と上から2つの「スライドレイアウト」を残して他は削除しましょう。1枚目のスライドレイアウトを表紙用、2枚目のスライドレイアウトを本文用として作成します。

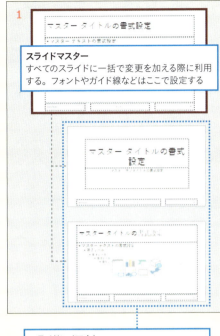

スライドマスター
すべてのスライドに一括で変更を加える際に利用する。フォントやガイド線などはここで設定する

スライドレイアウト
レイアウトごとに書式を設定できる。2枚だけ残して1枚目を表紙用スライド、2枚目を本文用スライドとして設定する

Column

作成した「スライドレイアウト」を使用するには？

スライドマスターで設定したレイアウトは、❶「ホーム」タブの「新しいスライド」から選択して挿入、または作業中のスライドの上で右クリックし、「レイアウト」から選択できます。

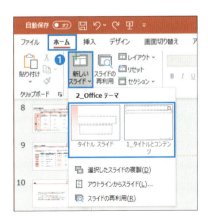

ロゴの挿入もスライドマスター機能で一括設定する

スライドマスターを使うことで瞬時にすべてのスライドにロゴを挿入できます。

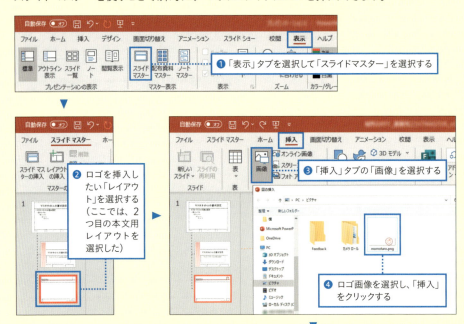

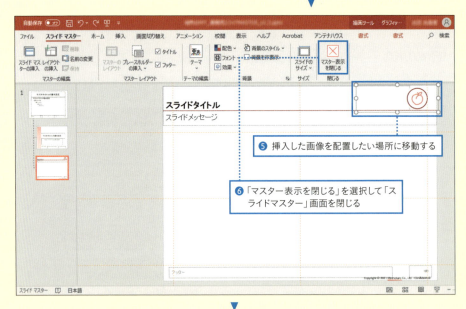

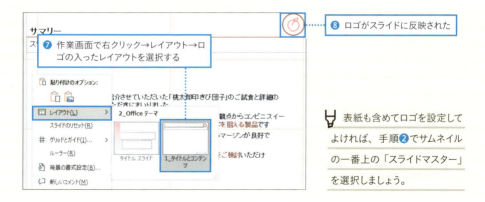

> 表紙も含めてロゴを設定してよければ、手順❷でサムネイルの一番上の「スライドマスター」を選択しましょう。

Column

スライドマスターの活用ワザ 透かし文字を入れる

スライドの背面に透かし文字を入れる際もスライドマスターが使えます。例えば会議の直前、資料の背面に「社外秘」という文言を記載する必要が出てきた際に、スライドマスターがあれば一瞬で透かし文字を入れることができます。まず、スライドマスターを開き、❶左上の「スライドマスター」を選んで、❷「挿入」タブから「テキストボックス」を選び、❸「社外秘」と入力して適切な位置に移動してからマスター表示を閉じます。これで❹全ページに「社外秘」の透かし文字が入りました。

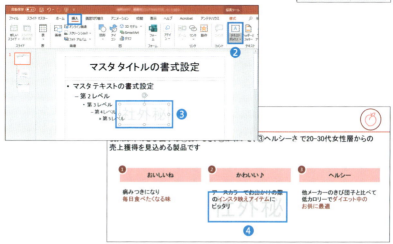

第1章 環境設定と情報整理のルール

―― 1.2 作業環境を整えよう ――

自動保存で突然のフリーズに備える

ワザレベル1
☺ ☺ ☺

■ PCが強制終了…作業を無駄にしないために保存方法を見直そう

せっかく作成した資料、保存を忘れてうっかり閉じてしまったという経験はありませんか？複数人でマスターファイルを共有しながら作業をしている際に誤って必要な箇所を削除してしまい、元の状態に戻れずに困ってしまった……という経験をした方もいるかもしれません。これらはすべて、ファイルの保存方法を見直すことで防ぐことができます。

資料の性質によって手動保存と自動保存を使いわける

ファイルの保存方法は手動で保存をする「手動保存」とソフトが自動的に保存をする「自動保存」の2つがあります。

ファイルの保存方法と特徴

		1. 手動保存		2. 自動保存
		(1) 名前を付けて保存	(2) 上書き保存	
概要		以前のファイルを残すことで、バージョン管理ができる ➡前のバージョンに戻ることができる ➡最終編集者がわかる	作業の進捗を手動で保存。同じ名前のファイルを上書く	作業中に数秒ごとに、ファイルを自動的に保存
操作	操作の流れ	ファイルタブ➡名前を付けて保存➡保存場所を選択	ファイルタブ➡上書き保存	ファイルタブ➡名前を付けて保存➡OneDriveの個人用・職場・学校のアカウントを選択➡一覧からサブフォルダを選択➡ファイル名を入力➡保存
	ショートカット	[F12] キー	[Ctrl] + [S] キー	クイックアクセスツールバー

💡 自動保存の場合、保存先はOneDrive、OneDrive for Business、SharePoint Onlineのいずれかであることが必須となります。

保存の基本はこまめな手動保存

バージョン管理時には「名前を付けて保存」

スライドを1枚作り終える、グラフを1つ作成し終えるといったように、作業終了の度に上書き保存をする癖をつけましょう。ただし、資料作成は、上司や同僚と何度もやり取りをして加筆や修正を繰り返すことが多いため、チームで分担して作業をする際には、「名前を付けて保存」でファイル名を変更し、バージョン管理ができるようにしておきましょう。「日付_プロジェクト名_バージョン」のようにファイルがいつの時点のものかわかるように名付けておくと、内容を元に戻したくなったときも簡単に遡れるようになります。

● ファイル名の付け方の例

新たに作業を再開する際は「名前を付けて保存」でバージョン管理をして作業を再開する

「名前を付けて保存」には、ショートカットを活用しましょう。［F12］キーを押すと、「名前を付けて保存」のダイアログボックスが表示されます。「上書き保存」をするためのショートカットは［Ctrl］＋［S］キーです。どちらも実務で多く使うことになるので、この機会に覚えておきましょう。文章を新しく書いたら［Ctrl］＋［S］キー、図形を作成したら［Ctrl］＋［S］キーのように逐一上書き保存をする癖をつけましょう。

Column

PCが強制終了されても慌てずバックアップ

PCがフリーズしてしまったり、間違えて上書き保存してしまった場合にも、以下の方法で復元できることがあります。まずは慌てず確認してみましょう。

① PowerPointを開いて、「ファイル」タブを選択
②「情報」を選び、「プレゼンテーションの管理」を選択
③「保存されていないプレゼンテーションの回復」をクリック
④ 復元したいファイルを選択

ダメ押しの自動保存で予期せぬ事態にも対応

自動保存を有効にしておけば、作業中に自動で数秒ごとに保存されるため、保存し忘れなどのミスはもちろん、PCがフリーズしたときでも慌てずにすみます。

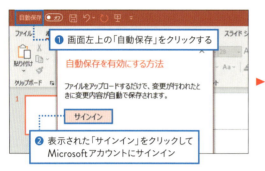

> 手順❸で一度も保存していないファイルの場合、ファイル名を入力するための画面が表示されるので、ファイル名を入力して「OK」ボタンを押します。

Column

自動保存される前の状態に戻したいときは

自動保存された内容を元に戻したいときは、「ファイル」を選択し「情報」をクリックすると表示される「バージョン履歴」から復元するバージョンを選択することで、復元したいバージョンが別ウィンドウで開き、過去のバージョンを復元することができます。

―― 1.2 作業環境を整えよう ――

解説

ひな形ファイルは保存しておく

カラーやフォント、ロゴの位置などのデザインを設定したプロジェクト用のファイルは
マスターファイルとして保存しておきましょう。

ひな形ファイルは残しておく

新しく資料を作成する際、以前作成した資料をコピーして流用する人がいますが、その方法はおすすめできません。資料を流用することで、以前の提案先の会社情報が残ってしまったり、既存の資料を新しい情報で上書きしてしまう恐れがあるからです。

カラーやフォント、ロゴの挿入などを設定したファイルは、マスターファイルとして残しておき、新しい資料を作成する際には必ずそのマスターファイルを使用するようにしましょう。

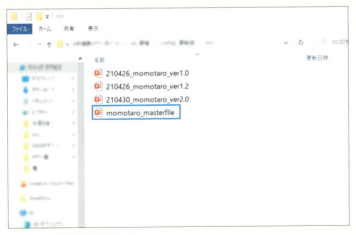

マスターファイルは必ず残しておく

💡 ロゴやスライドタイトル、メッセージ部分のフォントの大きさ、ガイド線などを設定した状態のものをひな形として残しておくことで、これらにかかる時間の短縮や資料のトーンを合わせる手間を省くことができます。また、複数人で作業をするときにも簡単に統一することが可能です。

—— **1.2 作業環境を整えよう** ——

解説

資料作成を楽にする
便利なショートカット30個

ショートカットを覚えることで、飛躍的に作業時間が短縮されます。
最低限覚えておきたい30のショートカットを是非活用しましょう。

ショートカットは時短の大きな味方

細かな操作を少しでも早く行うことが全体の作業時間を短くすることにつながります。例えば、「ファイルを上書き保存する」ためのコマンドをクリックして選択しようとすると、2〜3秒程度かかりますが、［Ctrl］+［S］キーのショートカットを使えば0.5〜1秒で済みます。小さな違いに思えるかもしれませんが、1時間に10回程度「ファイルを上書き保存する」と考えると、なんと年間で7時間程度も作業時間を短縮できるのです。多くのショートカットを覚えることで、資料作成をさらに時短することができます。

［Ctrl］キーを押しながら［S］キーを押すことを意味しています。

ショートカットの覚え方は、①頭文字 ②位置 ③紐づけ ④こじつけ

ショートカットをただ暗記しようとしてもなかなか覚えられないのが現実でしょう。
①頭文字、②位置、③紐づけ、④こじつけで覚えると、30個の頻出ショートカットも楽に記憶に残ります。

ショートカットの覚え方

覚え方	内容
① **頭文字**	コピーは［Ctrl］+［Copy］キーのように頭文字で覚える
② **位置**	頭文字で覚えたショートカットから派生した位置で覚える （貼り付けはコピー［C］の横）
③ **紐づけ**	紐づけて覚える （書式のコピーはコピー（［Ctrl］+［C］キー）に［Shift］キーを追加）
④ **こじつけ**	こじつけて覚える （「直前の操作を元に戻す」は［Z］はアルファベットの最後で、次は［A］に「戻る」）

038

覚えておきたいショートカット30選

	ショートカット	意味	覚え方	
基本				
1	[Ctrl] + [C]	[コピー] の実行	Copy（コピー）	①頭文字
2	[Ctrl] + [X]	[切り取り] の実行	✂：はさみ	④こじつけ
3	[Ctrl] + [V]	[貼り付け] の実行	コピー [C] の横	②位置
4	[Ctrl] + [D]	[コピー] と [貼り付け] の実行	Duplicate（複製）	①頭文字
5	[Ctrl] + [Z]	直前の操作を元に戻す	Zはアルファベットの最後で、次はAに「戻る」	④こじつけ
6	[Ctrl] + [Y]	戻した操作を進める	YはアルファベットでZの前なので	④こじつけ
7		直前の操作を繰り返す		
8	[Ctrl] + [Shift] + [C]	書式のコピー	コピーに [Shift] を追加	③紐づけ
9	[Ctrl] + [Shift] + [V]	書式の貼り付け	貼り付けに [Shift] を追加	③紐づけ
10	[Ctrl] + [A]	全選択	All（すべて）	①頭文字
ファイル操作				
11	[Ctrl] + [O]	既存のファイルを開く	Open（開く）	①頭文字
12	[Ctrl] + [N]	新規ファイルの作成	New（新規）	①頭文字
13	[Ctrl] + [M]	新規スライドの挿入	[Ctrl] + [N] が新しいファイルだから、その横で [M]	②位置
14	[Ctrl] + [P]	印刷の実行	Print（プリント）	①頭文字
15	[Ctrl] + [S]	[上書き保存] の実行	Save（保存）	①頭文字
16	[Ctrl] + [W]	[ファイルを閉じる] の実行	Close Window（ウィンドウを閉じる）	①頭文字
検索系				
17	[Ctrl] + [F]	検索	Find（見つける）	①頭文字
18	[Ctrl] + [H]	置換	（由来不明。チカンは犯罪（Hanzai）のHと覚える）	④こじつけ
文字				
19	[Ctrl] + [E]	[中央揃え] の設定	cEnter（中央）	①頭文字
20	[Ctrl] + [L]	[左揃え] の設定	Left（左）	①頭文字
21	[Ctrl] + [R]	[右揃え] の設定	Right（右）	①頭文字
22	[Ctrl] + [「]	フォントサイズの縮小	<（小なり）	④こじつけ
23	[Ctrl] + [Shift] + [<]			
24	[Ctrl] + [」]	フォントサイズの拡大	>（大なり）	④こじつけ
25	[Ctrl] + [Shift] + [>]			
26	[Ctrl] + [B]	[太字] の設定・解除	Bold（太字）	①頭文字
27	[Ctrl] + [I]	[斜体] の設定・解除	Italic（イタリック）	①頭文字
28	[Ctrl] + [U]	[下線] の設定・解除	Underline（下線）	①頭文字
図形				
29	[Ctrl] + [G]	グループ化	Grouping（グルーピング）	①頭文字
30	[Ctrl] + [Shift] + [G]	グループ化解除	グループ化に [Shift] キーを追加	③紐づけ

第1章 環境設定と情報整理のルール

―― 1.2 作業環境を整えよう ――

解説

操作を早くする魔法
QATBとは?

クイックアクセスツールバーを理解して使いこなすことで、
資料作成にかかる時間を飛躍的に短くすることができます。

▎PowerPointのブックマーク機能、QATBを使いこなそう

PowerPointで資料を作成する前に、整えたい作業環境の1つがクイックアクセスツールバー（Quick Access Tool Bar、以下QATB）です。
QATBとは、カスタマイズが可能なコマンドブックマークバーのことで、コマンドを選択する際に、「タブ」→「グループ」にある「コマンド」を選択するという一連の流れを短縮し、劇的に操作を効率化することができます。

よく使用する操作コマンドを加えてオリジナルのQATBを作る

QATBには「図形の接合」「図形の変更」など、日常的によく使う操作や、選択の手順が複雑なものを加えておきましょう。
例えば、「図形の変更」をしたい場合、通常であれば変更したい図形を選択した上で、「書式」タブから「図形の挿入」グループの「図形の編集」を選択して「図形の変更」をクリック……と、何回も選択作業を繰り返す必要があります。位置を覚えていない場合はコマンドを探すのにも時間がかかってしまいます。QATBに加えることで、リボンの上などわかりやすい位置にコマンドが表示されるようになり、選択に迷うことがありません。

QATBによく使う操作をまとめておくと作業が効率化できる

💡 ショートカットを覚える必要なし

よく使うコマンドをQATBに設定することで、コマンドの位置や、複雑なショートカットキー（図形の挿入は［Alt］キー →［H］→［S］→［H］キーの順に押す、など）を覚える必要がなくなります。

作業画面のスペースを確保したいときにも役立つQATB

QATBは作業画面を広げて、作業スペースを確保する際にも役立ちます。通常の操作コマンドが入ったリボンをたたんだ状態でも、QATBは常に表示されているため、作業画面を確保した状態でもすぐにコマンドを選択することができます。

リボンを非表示にした状態

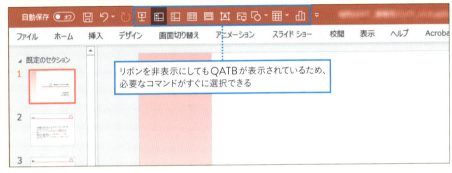

よく使う操作がQATBにまとめられている

リボンを折りたたむときは［Ctrl］+［F1］キーを押し、もう一度表示するには、再度［Ctrl］+［F1］キーを押します。

暗黙のワザ 07

――1.2 作業環境を整えよう――

QATBは
リボンの下に表示する

ワザレベル3
☺☺☺

QATBを追加する

QATBについて理解したところでさっそくQATBにコマンドを追加していきましょう。

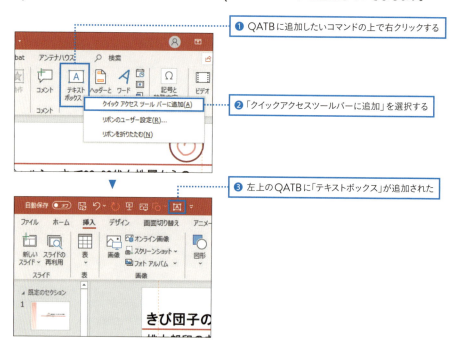

❶ QATBに追加したいコマンドの上で右クリックする

❷ 「クイックアクセスツールバーに追加」を選択する

❸ 左上のQATBに「テキストボックス」が追加された

📌 QATBからコマンドを削除したいときは、QATB上の「テキストボックス」を右クリックして、「クイックアクセスツールバーから削除」を選択します。

📌 QATBは設定した順に左から右に追加されていきますが、よく使うコマンドは右側に配置しておきましょう。QATBの順番はP.046のカスタマイズ画面で変更できます。

QATBの表示位置を変更する

P.040の図でもわかるように、初期の設定ではQATBは画面の一番上に表示されています。このままだと、スライド画面から遠く、作業に時間がかかってしまうため、QATBはリボンの下に移動しましょう。

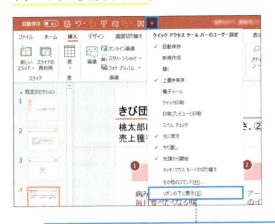

❶ QATBの右端にある▼をクリックし、一覧から「リボンの下に表示」を選択する

❷ QATBがリボンの下に表示され、スライドとの位置が近づいた

本書特典のQATBをインポートしよう

この書籍の特典として、効率的な操作にカスタマイズされたQATBをダウンロードすることができます。以下のサイトから「QATB.zip」をダウンロードし、解凍してください。

https://academia.rubato.co/download-anmokurule/

ファイルをダウンロードしたら、次の手順の通りQATBをインポートしましょう。

❶ QATBの右端にある▼をクリックし、「その他のコマンド」を選択する

❷「インポート/エクスポート」を選択する

❸「ユーザー設定ファイルをインポート」を選択し、ダウンロード特典をインポートするファイルとして選択する

❹「OK」を選択する

本書特典のQATB一覧

画面表示①〜⑤／挿入⑥〜⑩

① 標準表示
② アウトライン表示（タイトルとメッセージが一覧化される）
③ スライド一覧表示（スライドが一覧表示される）
④ スライドマスター表示
⑤ 電子メール
⑥ 横書きテキストボックスの描画（テキストボックスの挿入）
⑦ 図形の挿入
⑧ 表の挿入
⑨ グラフの追加（挿入）
⑩ SmartArtグラフィックの挿入

テキストの書式⑪〜⑰／図形の書式⑱〜㉓

⑪ フォントの設定
⑫ フォントサイズの設定
⑬ フォントの色を変更
⑭ 箇条書きの設定
⑮ 段落番号の設定
⑯ 行間の設定
⑰ 文字の配置設定
⑱ 図形の書式設定
⑲ 図形の塗りつぶし
⑳ スポイトによる塗りつぶし
㉑ 輪郭の色（図形の枠線）を変更
㉒ 枠線の太さを変更
㉓ 矢印（の種類）

位置㉔〜㉛／表とグラフの書式㉜〜㊵

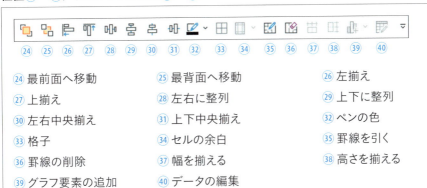

㉔ 最前面へ移動
㉕ 最背面へ移動
㉖ 左揃え
㉗ 上揃え
㉘ 左右に整列
㉙ 上下に整列
㉚ 左右中央揃え
㉛ 上下中央揃え
㉜ ペンの色
㉝ 格子
㉞ セルの余白
㉟ 罫線を引く
㊱ 罫線の削除
㊲ 幅を揃える
㊳ 高さを揃える
㊴ グラフ要素の追加
㊵ データの編集

Column

複数のコマンドを一括で追加・削除したいときは?

QATBへ複数のコマンドを一括で追加・削除したい場合は、「クイックアクセスツールバーのユーザー設定」一覧の「その他のコマンド」を選択します(P.044の手順参照)。
❶左側のボックスから、追加したいコマンドを選択して❷「追加」を押すとQATBに追加されます。
複数のコマンドをQATBから削除したいときは、❸右側のボックスから削除したいコマンドを選んで❹「削除」を押しましょう。編集が終わったら❺「OK」ボタンを選択します。
表示順序を変更したいときは、❸右のボックスからコマンドを選択し、❻「▲」または「▼」を押して順番を変更しましょう。

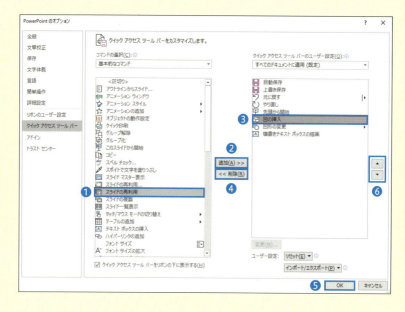

Column

頻出する操作は迷わずショートカットを覚えよう

よく使用する操作はQATBに追加することをおすすめしてきましたが、「1つ前の操作に戻りたい」「同じ操作を何度も繰り返したい」、こんなときはQATBにある「戻る」ボタンを使用せず、ショートカットを利用しましょう。「1つ前の操作に戻る」は［Ctrl］＋［Z］、「直前のコマンドを繰り返す」は［Ctrl］＋［Y］と覚えておけば、資料作成にかかる時間を短縮できます。

—— 1.3 資料の骨組みを考えよう ——

解説

いきなりパワポに触らない

資料作成に取り掛かる前に、まずは考えていることを書き出してみましょう。
事前準備をすることで、資料作成を効率的に進めることができます。

まずはノートとペンを持とう

資料を作成する際に、とりあえずPowerPointを開いてみる、という方も多いのではないでしょうか。内容が決まっていなくても、PowerPointを開いて図を作り始めてみると、何となく作業が進んでいくように思えるかもしれません。

しかし、資料作成は本来、頭の中のアイデアをパソコン上で表現するものです。作成したい内容が固まっていない段階で直接PowerPointをいじるのは非効率であるといえるでしょう。資料作成に取り掛かる前に、まずはノートとペンを使って内容を整理することを意識しましょう。PowerPointの出番は、内容をしっかりと固めたあとです。

資料作成の5つのステップ

資料作成には5つのステップがあります。

1. 目的を設定する

資料作成で最初に行うことは、作成する資料の目的を設定することです。自社を紹介する資料を作るにしても、就活をしている学生向けの資料と融資先を探している投資家向けの資料では載せるべき内容がまったく異なります。まずは目的を明らかにすることが資料作成の第一歩です。

2. 情報を整理する

相手に伝えたい情報を多く持っていることは素晴らしいことですが、あれもこれも……と手持ちの情報をすべて資料で伝えてしまうと、読み手にとっては理解しづらい資料になってしまいます。資料を作成するときには、「相手が知りたいことは何か」を考えて内容を精査しましょう。

第1章　環境設定と情報整理のルール

3. ストーリーを作成する

「目的」と「伝えるべき情報」が決まったら、今度は資料全体のストーリーを作成します。ストーリーがぶれてしまうと、一部の情報しか印象に残らず、相手が次のアクションを読み取れない「人を動かせない」資料になってしまいます。相手が自然と行動したくなるような流れができているかがストーリー作成のポイントです。

4. 内容を確認・修正する（手書きでイメージを作成する）

資料作成を自分だけで完結させてしまうと、どうしても内容の抜け漏れが生まれてしまいます。整理した内容を第三者に見てもらい、伝わりやすい内容になっているかを確認しましょう。また、ビジネスにおいては上司の意向によって、資料の方向性が大きく変わることもあります。PowerPointで資料を作成する前に確認をしておくことで、作業が二度手間になることを防げます。

5. 資料を作成する

このステップで初めてPowerPointによる資料作成を開始します。つまり、作成するスライドの内容がすべて決まった状態になるまで、PowerPointは開かないということです。PowerPointを開いてから、「なんて書こうかな？」と頭を悩ませるのではなく、5つの手順に沿って内容を固めてから、資料を作成すると効率的に作業ができます。

—— 1.3 資料の骨組みを考えよう ——

解説

締め切りに間に合う
スケジュールを決める

スケジュールは最終的な締め切りから逆算して考えます。
余裕を持ったスケジュールを心がけましょう。

ゴールからスケジュールを考える

資料作成の最初のステップは「目的を設定する」ことだとお伝えしましたが、それと同時に資料作成全体におけるスケジュールを作成することも大切です。どんなによい資料を作ったとしても、締め切りに間に合わなければ努力が水の泡になってしまいます。最終的に作るべき資料と締め切り（ゴール）を設定し、逆算してスケジュールを組みましょう。

スケジュール作成において重要なことは、余裕を持ったスケジュールを組むことです。5つのステップのどこかで時間がかかってしまう場合はもちろん、使用しているパソコンの調子が悪くて電源が入らない、印刷機の調子が悪くて印刷できないなど、トラブル対応を含めて少なくとも2〜3日以上は余裕があるスケジュールを組みましょう。

相談相手の予定をおさえる

スケジュール作成でもう1つ考慮しておくべきことは、資料のフィードバックをもらう相手のスケジュールを確保しておくことです。順調に進んでいたとしても、相談したい日に上司が不在で1日無駄になってしまった……となるともったいないですよね。フィードバックは少なくともステップ4の「内容確認と修正」と資料完成時の2回分見込んでおくとよいでしょう。2回分のスケジュールを設定し、あらかじめ相手に確認の日時を打診しておきましょう。

フィードバックをもらう相手のスケジュールを確保するもう1つのメリット

フィードバックをもらう相手のスケジュールを事前に確保しておくメリットはもう1つあります。それは事前設定した日付が中間の締め切りになる、ということです。例えば「2週間後に資料を提出してね」という依頼があった場合に、1人で作業すると「来週やればよいか」と先延ばしにしてしまう場合があります。しかし今週中に資料作成案を上司に出すと事前に自ら設定することで、中間の締め切りを作り出すことができるのです。

第1章　環境設定と情報整理のルール

049

—— 1.3 資料の骨組みを考えよう ——

解説

資料作成のステップ1
目的を設定する

資料の内容を考える上で最も重要なことは
「誰が」・「誰に」・「何をしてほしいのか」という目的を設定することです。
最初に目的を設定することでスライドに必要な情報が定まってきます。

▌目的設定は資料作成の羅針盤

資料作成において最も重要なことは、その資料の目的を考えることです。目的を設定するということは、資料の向かうべき方向を決めることになります。

ビジネスの資料とは、基本的に「誰か（読み手）」に「行動を起こしてもらう」ためのコミュニケーション手段です。そのため 資料の目的は、「誰が」「誰に」「何をしてほしいか」という3点で構成されています。よい資料を作成するために、具体的な目的を設定してから資料全体の流れを考えましょう。

資料の目的である「誰が」・「誰に」・「何をしてほしいか」を明確にしましょう。

ここからは「桃太郎株式会社の例」を参考に考えていきましょう。

桃太郎株式会社では20代〜30代の女性をターゲットとした新商品である「桃太郎印のきび団子」の販売を開始しました。営業部に所属するイヌ山社員は、桃太郎社長から直々に「新たな販路としてコンビニエンスストアを開拓して欲しい」と伝えられました。
サル川課長と検討を開始したところ、「コンビニエンスストアの店長に、まずはお試し注文をお願いするのはどうか」という案が出たため、早速以前から取引のあったキジ田店長に来週のアポイントを取得しました。

050

「誰に」を決定する

まず、目的の3要素のうち、「誰に」を明確にしていきましょう。「誰に」とは、資料を説明した上で行動を起こしてほしいキーパーソン（重要人物）のことを指します。資料作成ではまず キーパーソンを明確にすることが重要です。このキーパーソンを具体的に絞り込むことができれば、その資料の説得力が増すことになります。「桃太郎株式会社の例」では、「来週アポイントが取れているコンビニエンスストアのキジ田店長」が、このキーパーソンに該当します。「コンビニエンスストアの店長」ではなく、「来週アポイントが取れているキジ田店長」と絞り込むことが重要です。

ビジネスにおいてキーパーソンを理解・分析しておくことは非常に重要です。例えば沢山の社員の賛同が得られたとしても、社長が納得しなければ事業が開始できないというようなケースは多く存在します。

「何をしてほしいか」を設定する

「誰に」向けた資料であるかが明確になったら、次に相手に期待する行動を設定します。相手に期待する行動を決めるときには、それが実現可能な行動であるかを意識しましょう。通常の商談であれば紹介した直後に商品を購入してもらえることは非常に稀です。紹介された相手は、実際に商品を試用し、見積もりを確認した後に、その商品を購入するかどうかの判断をするのが一般的でしょう。

「桃太郎株式会社の例」では、アポイント取得時に商品の簡単な紹介は行っています。すると、今回の訪問では「お試し注文を検討いただく」ことが期待する行動として設定できます。期待する行動を設定するときには、行動の期限も忘れずに検討しましょう。期限を明確にすることで人を動かすことができます。

Column

「誰が」の分析も忘れずに

資料作成時に忘れられがちな要素ですが、「誰が」、つまり自分の分析も大切です。相手との間にすでに信頼関係があるのか、相手から見てどのような人間なのかによって、資料で説明すべき内容も変わります。すでに相手との信頼関係があり、発表内容にも精通した人間だと思われている場合、基本的な説明や詳細なデータは割愛しても問題ない場合もあるでしょう。一方、初対面の相手に商品を提案する場合などは詳細なデータの提示が必要です。コミュニケーションする相手から見た自分を想像することで、資料で発表すべき内容の厚みを想定することができます。

第1章 環境設定と情報整理のルール

目的スライドを作成しておく

「誰が」「誰に」「何をしてほしいか」を決めたら、その3点を忘れないよう、スライドとして作成しておきましょう。目的スライドは資料の先頭に置いておくとよいでしょう。資料の先頭に目的スライドを置いておくことで、作成中いつでも振り返ることができ、設定したはずの目的から資料がずれてしまうことを防げます。

「桃太郎株式会社の例」をスライドにすると以下のようになります。

目的スライドの例

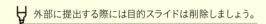
外部に提出する際には目的スライドは削除しましょう。

—— **1.3 資料の骨組みを考えよう** ——

解説

資料作成のステップ2
情報は相手に合わせて整理する

伝える内容を整理するには、相手を分析することが重要です。
「インセンティブ」「バリア」「知識と興味」の3点を分析してみましょう。

相手が知りたいことを伝える

「誰が」「誰に」「何をしてほしいのか」という目的が決まると、相手が行動を起こすために必要な情報を絞り込むようになります。

ここで大切なのが、資料の中で、相手に期待する行動を自然に導けるような流れを作ることです。どんなに練り上げたアイデアであっても「自分の伝えたいこと」ばかりで「相手が気にしていること」「知りたいこと」を届けられていなければ、コミュニケーションが成立しているとは言えません。相手が次の行動を迷わずに行えるよう、伝える情報を整理しましょう。

自分の伝えたい情報ではなく、相手の知りたい情報を考えましょう。

相手を分析する3つのポイント

相手を分析するには、①インセンティブ、②バリア、③知識と興味の3つのポイントから考えます。先程の「桃太郎株式会社の例」に登場した、コンビニエンスストアの店長について考えていきましょう。

インセンティブとは、「相手がやる気になるコトやモノ」のことです。「桃太郎株式会社の例」では、コンビニエンスストアの店長のやる気を引き出すポイントを見つけることが重要です。例えば「ディスカウント」などの金銭的なものである可能性もありますし、「優秀な店舗として表彰される」ということが有効なインセンティブである可能性もあります。

2つ目のバリアは、インセンティブとは反対に「相手がやる気を失うコトやモノ」のことです。「桃太郎株式会社の例」では、きび団子の在庫を抱えるリスクが高いことや、近隣店舗ですでに販売を開始していること（営業優先度が低いとされた）などが考えられます。ビジネスでは、相手が一度やる気を失ってしまうと、再度やる気を高めた状態に持っていくために多く

第1章 環境設定と情報整理のルール

053

の労力が必要となります。注意深く分析をしてリスクを認識した上で、資料を作成しましょう。

3つ目の知識と興味は、「相手が関心を持つコトやモノ」です。自分がお勧めしたいことであっても、相手にとっては重要ではないということはよくあります。「桃太郎株式会社の例」では、コンビニエンスストアの店長の趣味が料理であれば、きび団子の味を重視するかもしれませんし、ダイエット中であればカロリーを気にするかもしれません。相手のことをよく理解した上で関心を持つコト・モノを絞って資料に盛り込みましょう。

資料構成の万能型「背景・課題・解決策・効果」

資料を構成する際には、「背景」「課題」「解決策」「効果」の4つの要素を考えて情報を整理するとよいでしょう。

「背景」には、提案に至るまでの背景となるような現状と目指す姿を記載します。続く「課題」では、現状と目指す姿の間に生じている差の原因を示します。「解決策」には、その差を解消するための解決策の内容とその理由、導入のための評価基準を記載します。最後の「効果」には、解決策の効果とともに、コストやスケジュールを記載します。

配分の目安として、背景は全体の10〜20%、課題と解決策はそれぞれ30〜40%、効果を10〜20%程度とするとよいでしょう。

構成要素		配分	概要
背景	背景	10〜20%	● 読み手の置かれている状況を伝える ・世の中の現状やトレンド ・読み手からの要望内容のまとめ
	目標・目指す姿		● 現状と読み手が到達したい状態との「差」を伝える ・先を行く競合相手の成功事例 ・目標数値や指標
課題		30〜40%	● 生じている差の「原因」(課題)を伝える ・競合と自社の差、その原因と考えられるもの ・目標数値と現状との差、その原因と考えられるもの
解決策		30〜40%	● 課題に対する「解決策案」を提案し、評価する ・導入する新たな製品・サービスの内容とその理由、評価基準、候補の比較
効果		10〜20%	● 選択した解決策案の「効果」とそれにかかる「コスト」を伝える ・製品・サービス導入により期待される効果とコスト

―― 1.3 資料の骨組みを考えよう ――

解説

資料作成のステップ3
ストーリーを作成する

ストーリーの作成とは、作成したい資料のスライド構成、スライドタイトル、
スライドメッセージ、スライドタイプの4要素を決めることです。
ストーリーの作成ステップを学びましょう。

ストーリー作成の4要素

「目的」と「相手の知りたい情報」をまとめたら、いよいよ資料のストーリーを作成します。ストーリー作成とは、①スライド構成、②スライドタイトル、③スライドメッセージ、④スライドタイプの4要素をを決めて、資料の流れを決定することです。

ストーリー作成は、資料作成の5つのステップの中間に位置しています。ステップ4「内容を確認・修正する」では、作成したストーリーを第三者に確認してもらうことになるため、ノートかExcelを利用して、簡潔にまとめましょう。

　ストーリーは第三者が確認しやすいようにまとめましょう。

ストーリー作成の3ステップ

それではここから3つのステップに沿って、要素を決めていきます。

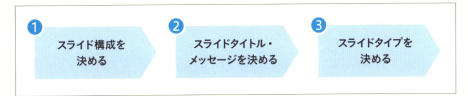

1. スライド構成を決める

「スライド構成を決める」とは、「相手に伝えるべき情報を分解して、スライドごとに割り当てる」ことです。

ここで重要なことは、伝える情報を3点にまとめるということです。情報は多すぎても、少

なさすぎても相手に伝わりづらくなってしまいます。相手の記憶に残りやすいように、本当に伝えたい情報を3点にまとめましょう。

2. スライドタイトル・スライドメッセージを決める

続いて各スライドのタイトルとメッセージを決定します。
スライドタイトルは、スライドの内容を簡潔に示したもので、スライドの最上部に配置します。文章ではなく、体言止め、または名詞で終えるようにしましょう。
スライドメッセージは、スライドで相手に伝えたい主張を示したもので、スライドタイトルの下に配置します。情報を整理し1文で書ききりましょう。

	スライドタイトル	スライドメッセージ
特徴	・主張を含まない ・体言止め、または名詞で終わる ・20文字以内にまとめる	・主張を含む ・文章で表現する ・50文字以内にまとめる
具体例	・桃太郎印きび団子の3つの特徴	・桃太郎印きび団子は、女性層からの売上獲得を見込める製品です

3. スライドタイプを決める

最後に、スライドメッセージを説明するために、どのような表現方法にするかを決定します。
スライドタイプには、「箇条書き」「図解」「表」「グラフ」「画像」の5種類があります。以降の章ではそれぞれの特徴を説明しています。スライドの構成要素を理解し、最も適切に表現できるスライドタイプを選択しましょう。

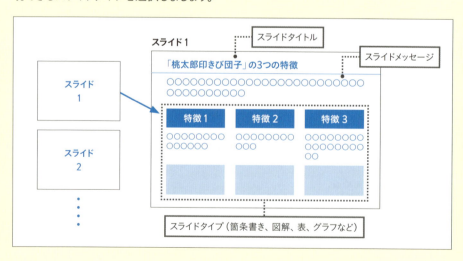

ストーリー案を作成する

①スライド構成、②スライドタイトル、③スライドメッセージ、④スライドタイプの4要素すべてが決まったら、ノートかExcelを利用して表にまとめましょう。1枚にまとめることで、スライド全体の流れが確認できるだけでなく、必要な要素の抜け漏れを確認することができます。「桃太郎株式会社の例」で作成すると以下のようになります。皆さんも作成してみましょう。

		タイトル	メッセージ	タイプ
1	概要	「桃太郎印きび団子」の3つの特徴	「桃太郎印きび団子」は、①おいしさ、②かわいさ、③ヘルシーさで20-30代女性層からの売上獲得を見込める製品です	図解
2	特徴①	おいしい	ターゲット層に向けた消費者ブラインドテストを行った結果、「桃太郎印きび団子」は競合製品と比べて高い評価を得ることができました	図解
3	特徴②	かわいい	「桃太郎印きび団子」は従来きび団子と比較して写真映えする出来栄えとなっています	画像
4	特徴③	ヘルシー	「桃太郎印きび団子」は他のきび団子に比べて低カロリーで、毎日食べても体重増加の心配はありません	グラフ
5	その他	価格比較	「桃太郎印きび団子」は消費者にとってお手頃価格で販売可能かつ小売りの皆様にとっても利幅の大きい魅力的な製品です	表
6	今後のステップ	今後のステップ	きび団子ピークシーズンの店頭展開と割引キャンペーンを見据えて、まずはお試し注文をご検討ください！	図解

伝えたい情報を「商品の概要」「その他（価格）」「今後のステップ」の3つにまとめています。

第1章　環境設定と情報整理のルール

資料の構成要素に合ったスライドタイプ

スライドタイトルとメッセージを適切に表現するためには、適切なスライドタイプを選択することが大切です。P.054で説明した「背景」「課題」「解決策」「効果」に対応するスライドタイプを以下の表にまとめました。

「背景」は、こちらが読み手の状況と課題を理解していることを伝えるためのものです。提案に入る前の前置きが冗長になることを避けるため、箇条書きを用いるとよいでしょう。一方、「課題」「解決策」「効果」は情報を網羅し、合理的・具体的にまとめることが求められます。伝えたい情報に応じて図解、表、グラフ、画像を用いるようにしましょう。

構成要素	スライドタイプ	情報整理の指針	使用イメージ
背景	箇条書き	端的に	提案内容に至る背景を文章で示すときに使用する 例：顧客の要望やニーズ、社会的な背景など
	グラフ		提案にあたって、相手の業界や競合の動きなどの関連情報を理解していることを示すときに使用する 例：業界の市場規模の推移、消費者の動向など
課題	図解	網羅的・合理的・具体的に	複数の課題の関係性を示すときに使用する 例：複数の課題を列挙する必要がある際、複数の課題の原因が1つの課題に起因する際など
	グラフ		定量的にわかりやすく課題を示したいときに使用する 例：売上の減少や横ばい、消費者の商品に対する満足度が他社商品に比べて低いときなど
	画像		課題をビジュアルでわかりやすく伝えたいときに使用する 例：山積みの在庫の写真、顧客の長蛇の列など
解決策	図解		課題と解決策とのつながりを示したいときや複数の解決策を列挙して示すときに使用する 例：貴社の抱える課題とその解決策案、3つの解決策案など
	表		
	画像		解決策を具体的にイメージしてもらいたいときに使用する 例：製品の写真やサービスイメージなど
効果	図解		複数の解決策の効果を評価するときや、自社と他社とで料金、性能、納期等の項目を比較する際に使用する 例：解決策の評価結果、当社と他社製品・サービスを導入した際の効果の比較など
	表		
	グラフ		効果を具体的にイメージしてもらいたいときに使用する 例：当社サービスを導入した際の削減コストイメージなど

―― 1.3 資料の骨組みを考えよう ――

解説

ワンスライド・ワンメッセージを意識する

「1枚のスライドに載せる内容は、1つの主張にする」というルールがあります。
沢山の情報を詰め込むのではなく、情報を絞り込みましょう。

■ ワンスライド・ワンメッセージのルール

スライド作成には、ワンスライド・ワンメッセージというルールがあります。「1枚のスライドには、1つのメッセージを書く」という意味ですが、逆に言うとそのスライドで主張したい内容を1つへ絞り込む必要があります。

ビジネス資料は、「誰か（読み手）」に「行動を起こしてもらう」ためのコミュニケーション手段であるとお伝えしましたが、各スライドはそのゴールに向けて、相手を一歩ずつ動かすためにあります。1枚の中に情報を詰め込むのではなく、相手が確実にゴールに向かって一歩前進する内容は何かを考えましょう。

相手をゴールへ動かすために内容を絞り込みましょう

■ 複数の主張があるときはスライドを分ける

スライドメッセージを書く中で、どうしても複数の主張を書きたくなることがあります。その場合にはどちらかを削るのではなく、スライドを複数ページに分けることを検討しましょう。またスライドメッセージを箇条書きで書いている資料を見かけることがあります。このような場合も、スライドメッセージを見直し、必要に応じてスライドの内容を分けるようにしましょう。

——— **1.3 資料の骨組みを考えよう** ———

解説

資料作成のステップ4
スライドイメージを手書きする

PowerPoint でのスライド作成作業を始める前に、紙とペンを用意し、
各スライドの下書きを作成して内容を確認しましょう。

スライドの下書きを作ろう

ストーリーの作成では、スライドタイトルとスライドメッセージを決定しました。さらに、選んだスライドタイプに沿ったボディ部分の下書きも一緒に作成しましょう。スライドの下書きは PowerPoint ではなく、紙とペンを使って作成します。下書きを事前に作成しておくことで、PowerPoint によるスライド作成手順を簡素化することができるため、結果的に作業時間の合計が短くなります。

また下書きを作成すると、スライドごとの方向性を確認することができます。ステップ4「内容を確認・修整する」で、作成済みのストーリー案と一緒に確認してもらうことで、提出前の最終確認において修整が入る可能性を大幅に下げることができます。

図解やグラフの型とレイアウトを確認する

下書きはすべての要素を丁寧に書く必要はありません。下書きで確認しておくべきポイントは、図解やスライドタイプの型（種類）とレイアウトです。

1. 図解やグラフの型

まずは選択したスライドタイプに合わせた型（種類）を決定します。例えば「図解」では、列挙型・対比型・フロー型、「グラフ」では、棒グラフ・円グラフなどの選択肢があります。ストーリー作成で決めたスライドメッセージの内容を説明するのに適した型（種類）を選択するようにしましょう。なお「図解」の場合は小見出しの内容、「表」の場合は先頭行・先頭列、「グラフ」の場合は項目の並び順に関しては、下書き段階で書いておくようにしましょう。

2. レイアウト

型（種類）を決めたら、次にスライドのレイアウトを決定します。

例えば「図解」では、要素を縦と横のどちらに並べるか、「グラフ」では、縦棒グラフと横棒グラフのどちらを利用するかなど、レイアウトによって印象が大きく異なります。どのようなレイアウトが相手にとって情報を理解しやすいかを考え、要素のレイアウトを検討しましょう。

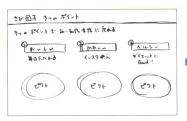

下書き

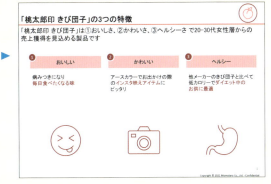

完成図

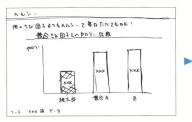

下書き

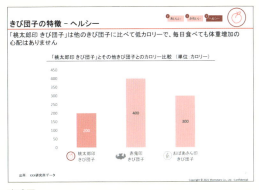

完成図

Column

内容の確認で重視すること

作成するスライドイメージが固まったら内容を第三者に見てもらうことで、伝わりやすい内容になっているかを確認することが大切です。確認してもらう相手の時間を無駄にしないためにも、以下の点に気を付けて第三者への確認をスムーズに行いましょう。

事前準備

打ち合わせが始まる前に、ステップ1で作成した「目的スライド」、ステップ3で作成した「ストーリー案」、ステップ4で作成した「スライドイメージ」の3つの資料を準備しましょう。
また打ち合わせで確認しておきたいポイントに関しては、事前にまとめておき、時間内に聞き忘れないようにしましょう。

打ち合わせ

最初に「目的スライド」を利用して資料の目的を説明し、その後に打ち合わせで確認しておきたいポイントを相手に伝えましょう。
資料全体の説明に関しては、主に「ストーリー案」を利用して行うとスムーズに進めることができます。「スライドイメージ」を多用すると、やや細かなポイントに目がいってしまうこともあるので、補足資料として利用しましょう。

事後修正

打ち合わせで確認がとれた変更点に関しては、速やかに反映しましょう。アドバイスをした側は、その結果がどうなったのか気になっているものです。打ち合わせ結果をもとに資料作成に進むのではなく、更新した結果を改めて確認してから資料作成に進みましょう。

―― 1.3 資料の骨組みを考えよう ――

解説

スライド構成は
「タイトル・サマリー・目次・内容・結論」

ビジネス資料には内容部分以外にも作成するべきスライドがあります。
スライド構成の最後に、忘れずに追加しましょう。

■「タイトル」「サマリー」「目次」「結論」を追加しよう

ここまでは「相手の知りたい情報」を元に資料の内容部分のストーリーを作成してきました。しかしビジネス資料は内容部分だけで構成されているわけではありません。内容部分をはさむように、資料の冒頭には「タイトル」「サマリー」「目次」、末尾には「結論」を必ず挿入しましょう。これらの要素はそれぞれ1枚のスライドで作成します。作成したストーリー案にも、忘れずに入れておきましょう。

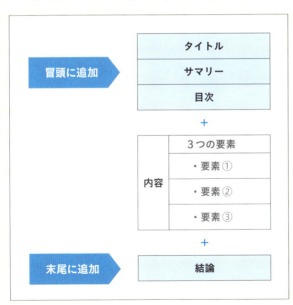

4つの要素 作成のポイント

1. タイトル

タイトルスライドには、スライドのタイトル、日付、作成者などの情報を記載します。スライドの内容が頻繁に更新される場合は、スライドの新旧がわかるようにバージョン情報も記載するとよいでしょう。

2. サマリー

サマリースライドには、資料全体の内容を1枚にまとめて記載します。「箇条書き」を利用して、簡潔にまとめましょう。サマリーが入っていないビジネス資料を見かけることがありますが、資料が回覧される場合には、この1枚だけを読むという人も多いため、忘れずに作成しましょう。

3. 目次

目次スライドには、資料の全体構成を記載します。各スライドタイトルを列挙し、どのような順番で内容が展開するかをまとめましょう。
なお資料のボリュームが多い場合は、内容が変わるタイミングで再び目次を挿入し、全体のどのあたりまで進んでいるかを示すようにしましょう。

4. 結論

結論スライドには、資料全体のまとめと相手に期待する行動内容を記載します。サマリーと同様に「箇条書き」を利用して、簡潔にまとめましょう。

第 **2** 章

わかりやすい資料作成の第一歩！

資料作成のキホン
文字入力と
箇条書きのルール

下書きの作成が終わったらいよいよ PowerPoint の出番。
一見簡単そうに見える文字入力や箇条書きも
暗黙のルールを押さえることでわかりやすい資料にぐっと近づきます。

暗黙のワザ
08

― 2.1 見やすい資料を作る基本の文字入力 ―

文字の拡大と縮小は
ショートカットキーで時短する

ワザレベル2

スライド作成に不可欠なフォントの拡大と縮小は
ショートカットで効率化して！

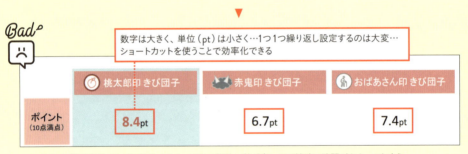

フォントサイズを変更するたびに発生するカーソルの移動。数が多いので地味に時間がかかってしまう

　下書き作成と第三者のチェックが完了したら、いよいよPowerPointの出番です。下書きをもとにスライドを作成していきましょう。これ以降の章では、箇条書きや図解など、伝わりやすい資料を作るためのポイントを説明していきます。これらの基本となるのは適切な文字入力です。文字の配置や強調の基本は、箇条書きや図形を作成する際も、必要となります。まずは文字入力をマスターして、わかりやすい資料作成を目指しましょう。

文字の拡大と縮小はショートカットキーを使う

PowerPointの資料では、本文や小見出し、スライドメッセージなどに対して、それぞれ異なるフォントサイズを設定することが多くあります。しかし、変更の度に「ホーム」タブの「フォントサイズ」へカーソルを移動させると、手間と時間がかかってしまいます。

作成時間を短縮するために、こうした無駄な動作は細かく削っていきましょう。そのためには、ショートカットキーの活用が不可欠です。

フォントサイズの拡大・縮小は［Enter］キーの左横にある［「］と［」］キーを使用します。フォントサイズの拡大はテキストを選択して［Ctrl］＋［」］キー、フォントサイズの縮小はテキストを選択して［Ctrl］＋［「］キーを押すだけです。

> 拡大または縮小したい文字を選択して［Ctrl］＋［」］キーで拡大、［Ctrl］＋［「］キーで縮小する

- 先日お電話にて紹介させていただいた「桃太郎印 きび団子」のご説明をさせていただきにまいりました

フォントサイズが14ptの場合に［Ctrl］＋［」］キーを1回押すと16pt、2回押すと18ptになります。一方［Ctrl］＋［「］キーを1回押すと12pt、2回で11ptというように、それぞれ0.5～2ptずつ拡大と縮小ができます。設定したいフォントの大きさになるよう、ショートカットキーを押して調整しましょう。

※基準の文字の大きさが14ptだったとき

暗黙のワザ

—— 2.1 見やすい資料を作る基本の文字入力 ——

文字の配置は統一する

ワザレベル1

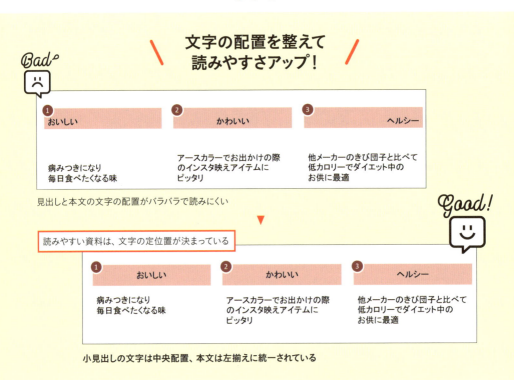

文字の配置を統一してスッキリ見やすい資料に

PowerPointの資料を作成するときは、文字の配置についてもルールを作っておきましょう。文字の配置とは、図形やテキストボックス内でテキストを上下左右、どこに合わせて配置するかということです。

点線はテキストボックス

Goodの図を見ると、小見出し（図形）の中のテキストの横位置は中央揃え、それ以外のテキストは左揃えというルールで作成されています。また、縦位置は小見出し（図形）の中のテキストが上下中央揃え、それ以外のテキストは上揃えになっています。

このように小見出し（図形や表）のテキストは中央揃え、本文は左揃えなど、ルールを決めて作成された資料は読みやすく、反対にページごと、または要素ごとに文字の配置がバラバラな資料は読みづらいばかりか、読み手の信頼を損なうことにもなりかねません。

図や表の小見出しは中央揃え、それ以外のテキストは左揃えを文字の位置の基本として覚えておきましょう。

位置を揃えるための時短ワザ

文字の位置揃えは使用頻度が高いため、資料作成の時間を短縮するためにもショートカットキーとクイックアクセスツールバーを使用しましょう。

文字の横位置調整にはショートカットキーを使う

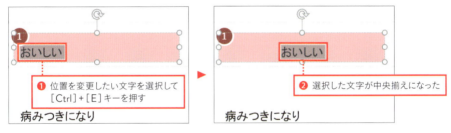

❶ 位置を変更したい文字を選択して［Ctrl］+［E］キーを押す

❷ 選択した文字が中央揃えになった

選択した文字列を中央揃えにしたいときは［Ctrl］+［E］キー、右揃えにしたいときは［Ctrl］+［R］キーを押します。

文字揃え（横位置）	ショートカット
左揃えにする	［Ctrl］+［L］キー
右揃えにする	［Ctrl］+［R］キー
中央揃えにする	［Ctrl］+［E］キー

文字の縦位置調整はクイックアクセスツールバー（QATB）を使う

縦の位置調整にもショートカットキーはあるのですが、少し手順が複雑なためQATBを使用しましょう。縦の位置調整は、本書の読者がダウンロードできるQATBにも設定されています。

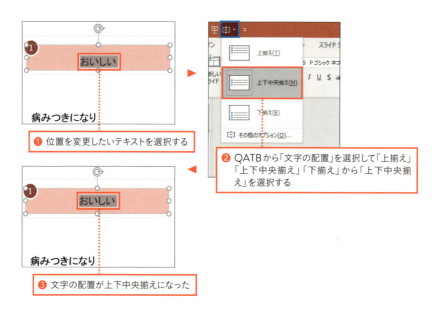

❶ 位置を変更したいテキストを選択する

❷ QATBから「文字の配置」を選択して「上揃え」「上下中央揃え」「下揃え」から「上下中央揃え」を選択する

❸ 文字の配置が上下中央揃えになった

本書の特典を使わず、文字の位置調整をクイックアクセスツールバーに加えたい場合は、「ホーム」タブの「段落」グループにある「文字の配置」の上で右クリックをして、「クイックアクセスツールバーに追加」をしましょう。

暗黙のワザ **10**

— 2.1 見やすい資料を作る基本の文字入力 —

重要な部分は
文字の色を変えて強調する

ワザレベル2
😊😊😊

同じ文字サイズ、色で作られた資料…
どこが重要な部分かわからない！

Bad 😞

- 本日はおいしさ・かわいさ・ヘルシーさの観点からコンビニスイーツのメインターゲットである20-30代女性の売上獲得・集客を狙える「桃太郎印のきび団子」を紹介させていただきました
- マージンの観点からも店舗の利益貢献が見込める製品となります
- 本格導入を検討するためにまずはテスト販売用の30個セット購入をお勧めします
- 今週中にお試し注文いただければテスト本注文時の納入価格ディスカウントにも間に合いますので、早めのお試し注文ご検討をよろしくお願いいたします

箇条書きをすべて読まないと理解できない。重要なポイントが読み手の判断にゆだねられている

Good! 😊

太字、色変えで重要ポイントが一目でわかり、読み手に意図が伝わる

- 本日はおいしさ・かわいさ・ヘルシーさの観点からコンビニスイーツのメインターゲットである20-30代女性の売上獲得・集客を狙える「**桃太郎印のきび団子**」を紹介させていただきました
- マージンの観点からも**店舗の利益貢献が見込める製品**となります
- 本格導入を検討するためにまずはテスト販売用の30個セット購入をお勧めします
- 今週中にお試し注文いただければテスト本注文時の納入価格ディスカウントにも間に合いますので、**早めのお試し注文ご検討**をよろしくお願いいたします

文字強調で内容に強弱をつける

文章量が多い資料は、そのままの状態ではどの部分が重要か読み手に伝わりにくくなります。Badの図のようにせっかく箇条書きで作成しても、「見た瞬間」に、「何が重要か」をわかってもらえない資料では意味がありません。
読み手に注目してほしい重要な部分には、「装飾」「色」「フォントの大きさ」を使って強調しましょう。

文字強調はプレゼンの説明にも役立つ

プレゼンの際、テキストの量が多くて棒読みになってしまうことはありませんか？ 文字強調をしておくことで、プレゼンの最中にも何が重要だったか思い出すことができ、強調すべきポイントにしっかり力点を置いて話すことができます。

第2章 資料作成のキホン 文字入力と箇条書きのルール

5つの強調ワザを組み合わせる

文字強調には以下の5つのワザが使えます。

① **太字にする**
② **色を変更する**
③ **文字の大きさを変更する**
④ **下線を引く**
⑤ **斜字を適用する**

これらのワザは、単独で使うのではなく、組み合わせて使うことでさらに威力を発揮します。特に「①太字にする」「②色を変更する」は使いやすい組み合わせです。覚えておきましょう。

文字強調の組み合わせ

資料全体の統一感を出すため、「②色を変更する」場合はベースカラーかアクセントカラーを使いましょう。重要な部分ではアクセントカラーを使うことで、読み手の意識をさらにその部分に向かせることができます。

文字強調は乱用しては逆効果です。例えば、1つのスライドの中に「下線」「太字×下線」「斜字×太字×下線」などの強調表現が入り乱れていると、情報の優先度がわかりづらくなり読み手が混乱してしまいます。

暗黙のワザ **11**

――― 2.1 見やすい資料を作る基本の文字入力 ―――

文字強調は最後にまとめて書式コピー

ワザレベル2

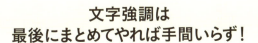

文章を打ち込んだ後に、まとめて書式コピーと貼り付けで文字強調をする

文字強調は最後にまとめて

文章を打ち込むたびに、文字強調を行うのはやめましょう。手間がかかるばかりでなく、ページが進むうちに強調の組み合わせや法則が変わってしまい、統一感のない資料になってしまう恐れがあります。

すべての文章を打ち終えたあとで、まとめて統一したルールを適用することで、効率が上がりまとまりのある資料を作ることができます。

文字の装飾は書式の貼り付けを活用する

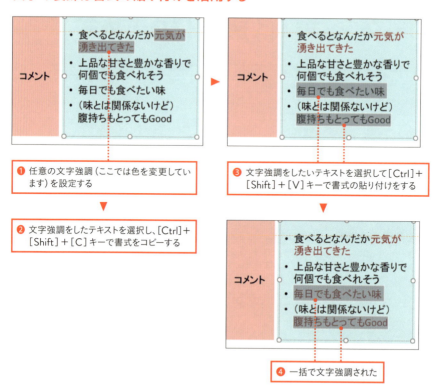

ショートカットキーで文字強調も時短する

	操作方法	例
① 大きさを変更する	［Ctrl］＋［」］キー	文字強調は資料作成の大切なポイント
② 太字にする	［Ctrl］＋［B］キー	**文字強調は資料作成の大切なポイント**
③ 下線を引く	［Ctrl］＋［U］キー	文字強調は資料作成の大切なポイント
④ 斜字にする	［Ctrl］＋［I］キー	*文字強調は資料作成の大切なポイント*

色の変更は、「ホーム」タブから「フォント」→「フォントの色」を選択して変更するか、クイックアクセスツールバーに追加しておくと便利です（変更したいテキストを選択して、右クリックして「フォントの色」から変更してもOK）。

— 2.1 見やすい資料を作る基本の文字入力 —

解説

文字切れには御用心
改行位置は読みやすさを意識して

読みやすい資料を作る秘訣は、声に出して読んでみること。
単語の途中で改行されている文章は、つっかえてしまい読みにくいものです。
区切れを解消することで、読み手が資料に集中できるようになります。

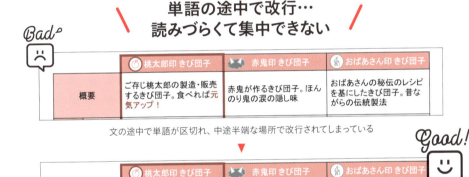

▌単語の区切れは読み手のリズムを崩す大敵

図形の中に文章を打ち込んでいくと、ボックスのサイズによって単語の途中で改行され、文章が分断されてしまうことがあります。単語の途中で次の行へと改行されてしまう文章は読みにくいものです。区切れの解消は［Shift］キー＋［Enter］キーで行います。ざっと文章を打ち終わったら、テキストボックスの端にも気を配り、単語の途中で改行されていないかチェックしましょう。

 細かな配慮の積み重ねで真に読みやすい資料を作成することができます。

—— **2.2 箇条書きのルールを知ろう** ——

解説

わかりやすい資料の秘訣は
箇条書き

ここからはスライドを作成するための表現方法を習得していきましょう。
文章だけで構成された資料は理解しづらいものです。
箇条書きをマスターすることで資料の全体像や結論をわかりやすく示すことができます。

「読んでわかる」より「見てわかる」資料を目指す

ビジネス資料において、すべてのスライドが文章だけで構成されている資料を見かけることがあります。文章のみで構成された資料は、全体像や結論がわかりにくく、読み手に伝わりづらいものです。例えば以下の文章を読んでみてください。

文章のみで構成された資料

> ● **桃太郎によるリクルーティング**
> 桃太郎は、鬼を退治するために仲間をリクルーティングしました。鼻が利いて鬼の匂いを追うことができる「イヌ」と、空を飛ぶことができて鬼ヶ島を偵察できる「キジ」と、いたるところにネットワークがあり情報収集が得意な猿山のボスである「サル」を仲間にしました。それぞれの報酬は「イヌ」がペットフード2年分、「キジ」は寝床となる森を1ヘクタール、「サル」はサル村の飲み屋での宴会無料券30名分です。

文章を読んでみていかがでしたか。だらだらと続いているため、読み手にとって何が結論で、どのような観点が重要なのか理解しづらいものになっています。PowerPointを用いた資料の場合には、物事を細かく伝えるより、スライド1枚を見た瞬間に理解してもらうことが重要です。「じっくり読んでわかる」より、「見てわかる」資料を作るように心がけましょう。箇条書きを適切に使うことで、シンプルに結論を示すことができ、全体像や論理構成を簡単に示すことができます。

箇条書きで全体像を示す

上記の内容を箇条書きで作成したものが次の図です。インデント（資料の読みやすさを向上させるため字下げすること）によって「イヌ」「キジ」「サル」、ベネフィットとコストが同じ階層に位置

づけられているのが一目でわかります。箇条書きにするだけで、全体像が明確になりました。

箇条書きの例

- 桃太郎は鬼を退治するためにベネフィットとコストの2つの観点から「イヌ」「キジ」「サル」を仲間としてリクルーティングした
  - イヌ
    - ベネフィット：鼻が利き鬼の匂いを追跡できる
    - コスト：ペットフード2年分
  - キジ
    - ベネフィット：鬼ヶ島を空から偵察できる
    - コスト：寝床となる森1ヘクタール
  - サル
    - ベネフィット：様々なネットワークによる情報収集ができる
    - コスト：飲み屋での宴会無料券30名分

Column

箇条書きはロジックツリーに対応できる

箇条書きはロジックツリーにも対応しています。ロジックツリーとは、上位の概念をモレなくダブりなく（Mutually Exclusive Collectively Exhaustive、MECEと省略される）分解していくツリーのことです。主張に対して根拠を持って補完し、さらにその根拠を事実に基づいて支える構造となります。箇条書きは階層を表現できるため、モレなくダブりなく要素を整理することができます。

ロジックツリーと箇条書き

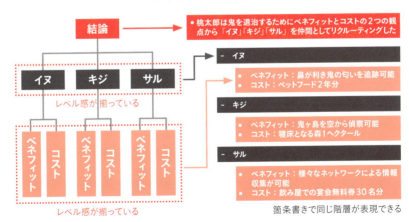

箇条書きで同じ階層が表現できる

暗黙のワザ
12

—— 2.2 箇条書きのルールを知ろう ——

箇条書きを手打ちはNG

ワザレベル1

「・」とスペースを駆使して作った箇条書き…ぐちゃぐちゃで見にくいのはなぜ？

手打ちで「・」とスペースを使って無理やり箇条書きを作成。改行後の行頭が読みにくい上、階層を表現するためにはスペースキーを使わなければいけない

箇条書きコマンドで簡単、綺麗！

「箇条書きコマンド」を用いて作成した資料。インデントや行間が整っていて読みやすい

▍箇条書きコマンドを活用する

箇条書きは文頭に「・」と手入力するのではなく、テキストボックスと「箇条書きコマンド」を使って作成しましょう。箇条書きコマンドを利用すると、ビュレットポイント（箇条書きの際に付される行頭の記号「・」や「-」のこと）と文章のはじめのスペース（インデント）が自動的に揃うため、スペースキーで行頭を整える必要がなくなります。

078

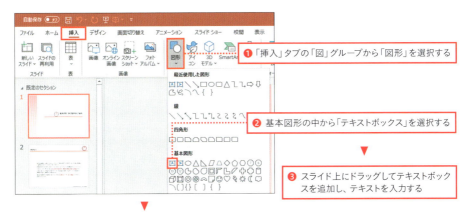

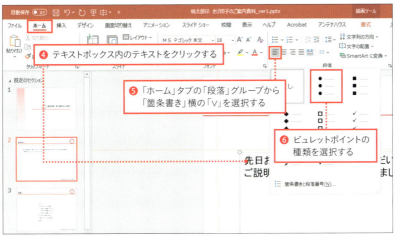

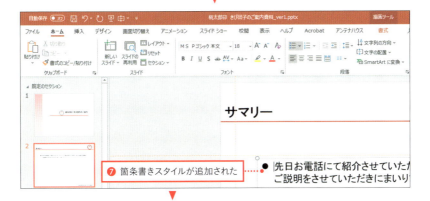

文末の位置で［Enter］キーを押して改行すると、自動的に次の行の文頭にビュレットポイントが追加されます。

次の行にビュレットポイントを追加したくないときは、［Shift］＋［Enter］キーを押して改行しましょう。

箇条書きを途中で解除するには

次の行からは箇条書きをしない場合は、［Enter］キーで改行したあと、［Backspace］キーを押すと「箇条書き」が解除されます。

覚えておきたいショートカット

	したいこと	操作方法	表示イメージ
箇条書き（ビュレットポイント）	追加する	［Enter］キーを押して改行 ※最初の1文にはすでにビュレットポイントがついていることが条件	・桃太郎 ・イヌ ・キジ
	追加せずに改行する（同じリストの中で改行される）	［Shift］＋［Enter］キーを押しながら改行	・桃太郎 イヌ キジ

080

暗黙のワザ **13**

―― 2.2 箇条書きのルールを知ろう ――

箇条書きの階層を利用して情報を整理する

ワザレベル1

■ 情報の整理は階層を活用する

P.076の「わかりやすい資料の秘訣は箇条書き」で解説したように、箇条書きを作るときには、階層を意識することが大切です。

「桃太郎によるリクルーティング」の事例では、鬼退治をするために仲間をリクルーティングするという「目的」と、候補である「イヌ」「キジ」「サル」と、彼らの「ベネフィット」と「コスト」は情報のレベルが異なります。これらを同じ階層で箇条書きにすると、読みづらい資料になってしまいます。インデントを活用して、一目で階層がわかるように表現することが、箇条書き作成の要となります。

桃太郎は鬼を退治するためにベネフィットとコストの2つの観点から「イヌ」「キジ」「サル」を仲間としてリクルーティングした

- イヌ
- ベネフィット … 鼻が利き鬼の匂いを追跡できる
- コスト … ペットフード2年分

- キジ
- ベネフィット … 鬼ヶ島を空から偵察できる
- コスト … 寝床となる森1ヘクタール

- サル
- ベネフィット … 様々なネットワークによる情報収集ができる
- コスト … 飲み屋での宴会無料券30名分

▼

桃太郎は鬼を退治するためにベネフィットとコストの2つの観点から「イヌ」「キジ」「サル」を仲間としてリクルーティングした

- イヌ
    - ベネフィット … 鼻が利き鬼の匂いを追跡できる
    - コスト … ペットフード2年分
- キジ
    - ベネフィット … 鬼ヶ島を空から偵察できる
    - コスト … 寝床となる森1ヘクタール
- サル
    - ベネフィット … 様々なネットワークによる情報収集ができる
    - コスト … 飲み屋での宴会無料券30名分

インデントによって階層が表現された

第2章 資料作成のキホン 文字入力と箇条書きのルール

1ページの中にあまりに多くの箇条書きを載せるのもわかりにくさの原因となります。箇条書きの大項目は最大で3つと決め、それ以上になってしまう場合は、類似している内容のものを1つにまとめるなど工夫をしましょう（P.084）。

箇条書きの階層を下げる

階層を下げるには、階層を下げたい箇条書きを選択した状態で［Tab］キーを押します。逆にインデントの階層を上げるには、対象の箇条書きを選択して［Shift］キーを押しながら［Tab］キーを押します。

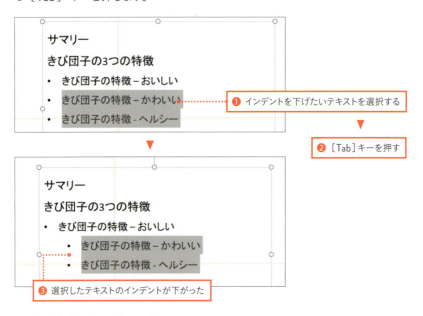

覚えておきたいショートカット

	したいこと	操作方法	表示イメージ
階層	階層（レベル）を下げる	階層を変更したいテキストを選択して［Tab］キーを押す	・桃太郎 　- きび団子 　　□ おばあさんが作ってくれた ・イヌ 　- 跳躍力
	階層（レベル）を上げる	階層を変更したいテキストを選択して［Shift］+［Tab］キーを押す	・桃太郎 　- きび団子 　- おばあさんが作ってくれた ・イヌ 　- 跳躍力

――― 2.2 箇条書きのルールを知ろう ―――

箇条書きの階層は
3つまでに絞る

ワザレベル1

箇条書きと階層で情報を表現すれば、いくらでも情報を詰め込んでよいという訳ではありません。
階層は深くなればなるほど情報が増え、わかりづらい資料になってしまいます。箇条書きを作成する際は、<u>階層が最大3つになるようにあらかじめ情報を整理しましょう</u>。

階層が深い箇条書きの例

桃太郎は鬼を退治するためにベネフィットとコストの2つの観点から「イヌ」「キジ」「サル」を仲間としてリクルーティングした

- リクルートの候補
  - イヌ
    - 性格 … 嗅覚にすぐれ真面目で頼れるが食いしん坊な面も
      - ベネフィット … 鼻が利き鬼の匂いを追跡できる
      - コスト … ペットフード2年分
        - こちらの提示するブランドから選んでもらうことで合意済み
  - キジ
    - 性格 … 視力がよく注意深い。縄張り意識が強い
      - ベネフィット … 鬼ヶ島を空から偵察できる
      - コスト … 寝床となる森1ヘクタール
        - 土地の条件に指定あり。鬼退治後に土地の選定を始めることで合意済み
  - サル
    - 性格 … コミュニケーション能力が高く、上昇志向が強い
      - ベネフィット … 様々なネットワークによる情報収集ができる
      - コスト … 飲み屋での宴会無料券30名分
        - 食事は揚げ物中心の竹コースで合意済み

> 階層が増え、情報が深くなることで、何を伝えたいかが曖昧になってしまう

わかりやすい箇条書きを作るマジカルナンバー「3」

「言いたいことを3つにまとめる」というのは、箇条書きのみならず、資料作成、ひいてはビジネス全般において活用できるワザです。ミズーリ大学のネルソン・コーワン教授は、人が瞬時に記憶できる短期記憶の限界（マジカルナンバー）は「4±1」であると発表しました。
相手に伝えたい内容は、できるだけ無理なく記憶に残る3つに絞り、多くとも5個を上限としましょう。
P.057のストーリー案でも伝えたい情報を「商品の概要」「その他（価格）」「今後のステップ」の3つに整理しています（「概要」も「おいしい」「かわいい」「ヘルシー」の3つのポイントに絞って紹介しています）。

項目整理のポイント

箇条書きの項目を整理するには、ボトムアップ式の分類法を実践するとよいでしょう。大きく3つのステップに分かれます。

1. 思いつくままアイデアを発想する
2. アイデアをグルーピング（小見出し化）する
3. グルーピングしたものを整理する（レベル感の調整と階層化、モレなくダブりがないかの確認と修正）

例えば「桃太郎印 きび団子」の3つの特徴である「おいしい」「かわいい」「ヘルシー」は、きび団子を食べた人の感想を集め（1. アイデア発想）、それらをグルーピング（2. 小見出し化）し、3つの特徴へとまとめた（3. 整理）ものです。

「毎日食べても飽きない」「一度食べたら他のお団子は食べられない」「クセになる」といった感想をそのまま記載しただけでは、整理がされていない情報の羅列となってしまいます。それら1つ1つを「つまりこれはどういうこと？」と深掘りすることで、「おいしい」というグループにまとめることができます。同様に「かわいい」「ヘルシー」もそれぞれの感想から抽出されたグループ（小見出し）です。

グループ化する際には、言葉の抽象度を合わせることも重要です。例えば、「おいしい」「ヘルシー」に比べると「SNSでいいねされた数が200」という言葉は具体的であり、言葉の抽象度（レベル感）が合っていません。こうしたレベル感を合わせることも、グループ化には重要です。

ボトムアップ式分類法の例

❶ アイデア発想

桃太郎印きび団子への感想

・毎日食べても飽きない　・インスタ用の写真を撮りにわざわざ行く価値あり　・洋菓子と比べてカロリーが低くて、ほんとに助かる　・お土産で買っていくと、必ずおいしいと言われる　・思わず食べるのを忘れて見とれていました　・低カロリーだから気にせず食べられる　・普段はカロリーを気にして食べない人が喜んで食べた　・ほっこりしててかわいい　・一度食べたら他のお団子は食べられない　……

❷ グルーピング（小見出し化）

・毎日食べても飽きない ・一度食べたら他のお団子は食べられない ・お土産で買っていくと、必ずおいしいと言われる	・インスタ用の写真を撮りにわざわざ行く価値あり ・ほっこりしててかわいい ・思わず食べるのを忘れて見とれていました	・低カロリーだから気にせず食べられる ・洋菓子と比べてカロリーが低くて、ほんとに助かる ・普段はカロリーを気にして食べない人が喜んで食べた
小見出し化	小見出し化	小見出し化
おいしい ⟷	**かわいい** ⟷	**ヘルシー**

❸ 整理（レベル感の調整、モレなくダブリがないかの確認）

第2章　資料作成のキホン 文字入力と箇条書きのルール

ビュレットポイントは階層ごとに変更する

ビュレットポイントの形を階層ごとに変更することで、情報の関係性が一目でわかるようになります。第1階層は「●」、第2階層は「−」、第3階層は「□」など、あらかじめ設定しておきましょう。

ビュレットポイントを設定する

ビュレットポイントはスライドマスターで階層ごとにあらかじめ設定しておくと便利です。

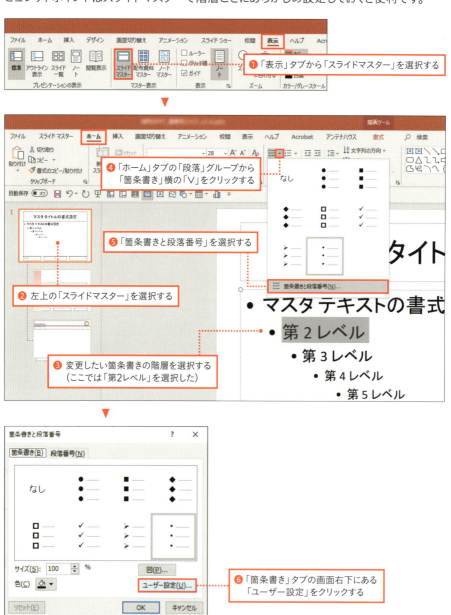

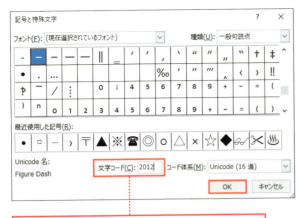

❼ 文字コードに「2012」と入力し、「OK」ボタンをクリックする

❽「箇条書き」タブ（P.086下図）の「OK」ボタンを押して設定画面を閉じる

- マスタ テキストの書式設定
  - 第 2 レベル
    - 第 3 レベル

❾ 箇条書きのビュレットポイントが変更された

❿ 他のレベルも❸〜❽の手順を繰り返して設定し、「スライドマスター」を閉じる

第1階層は文字コードを「2022」、第2階層は「2012」、第3階層は「25AB」を入力することで、P.085のビュレットポイントを設定できます

暗黙のワザ

—— 2.2 箇条書きのルールを知ろう ——

小見出しを活用して一目でわかる資料をつくる

ワザレベル2

小見出しを味方につけて箇条書きをパワーアップ！

Bad
- 桃太郎はイヌ、サル、キジを仲間にしましたが、彼らは出自も趣味も違うので、いつもいがみ合ってばかり
- 桃太郎は彼らが互いを知る機会を作ることでチームを結束させたいと考え、飲み会を催すこととした
  - 会の名称：鬼退治に向けた決起集会
  - 日時：20XX年10月20日（金）19:00〜
  - 場所：居酒屋 竜宮城
  - 予算：3,000円
  - その他：車での来店は原則禁止、飲酒後の飛行は控えてください

箇条書きも階層も使っているのに文章が多くて読みづらい…
▼

Good!

背景		・新たな仲間イヌ、サル、キジの不仲
目的		・互いを知る機会を作ることでチームを結束させること
飲み会の概要	名称	・鬼退治に向けた決起集会
	日時	・20XX年10月20日（金）19:00〜
	場所	・居酒屋 竜宮城
	予算	・3,000円
	備考	・車での来店は原則禁止、飲酒後の飛行は控えること

小見出しを使って構成することで、階層がより明確になり、箇条書きが洗練された

箇条書きを図解化すれば劇的にわかりやすい資料になる

小見出しとは、グラフや図、文章の要点をわかりやすくするためのタイトルのことです。Goodの図では、「背景」「目的」「飲み会の概要」が第1レベルの小見出し、「飲み会の概要」の中の小見出しが「名称」「日時」「場所」「予算」「備考」が第2レベルの小見出しとなります。

 小見出しを図解で作成することで、視認性がアップして、一目でわかる資料に近づきます。

箇条書きには小見出しが欠かせない

ビジネスにおいて、しっかり読み込まないと理解できない資料は嫌がられます。箇条書きによって構造化された文章は、平文で書かれた文章よりもわかりやすい形になっていますが、さらに内容を伝わりやすくするため、小見出しを活用しましょう。

小見出しはレベル合わせが重要

小見出しを作るときは小見出し同士で言葉のレベル感を合わせるように注意しましょう。作成のステップは大きく3つに分かれます。

① 箇条書きの中に小見出しになるようなキーワードがないか確認する

例）箇条書きの内容が、「**日時：20XX年10月20日（金）19:00～**」であれば、「**日時**」がそのまま小見出しとなります。

```
- 会の名称：鬼退治に向けた決起集会
- 日時：20XX年10月20日（金）19:00～
- 場所：居酒屋 竜宮城
- 予算：3,000円
- その他：車での来店は原則禁止、飲酒後の飛行は控えてください
```

① 箇条書きの「名称」「日時」「場所」「予算」「その他」を小見出しに変更

名称	・鬼退治に向けた決起集会
日時	・20XX年10月20日（金）19:00～
場所	・居酒屋 竜宮城
予算	・3,000円
備考	・車での来店は原則禁止、飲酒後の飛行は控えること

② キーワードがなければ、箇条書きを一言で要約してみる

例）桃太郎は彼らが互いを知る機会を作ることでチームを結束させたいと考え、飲み会を催すこととした。

➡ 一言で言えば、この箇条書きは「会の目的」を表しているため、「目的」が小見出しとなります。

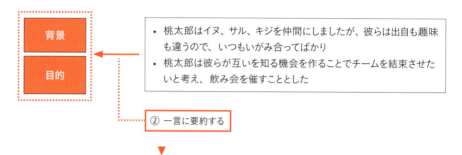

③ 他の小見出しとレベル感が合っているかをチェックする

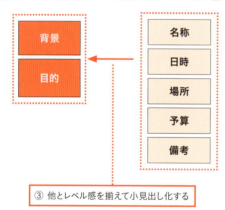

小見出しの種類は、名詞・体言止め・形容詞・文章の4つ

小見出しの種類は大きく分けて、「名詞」「体言止め」「形容詞」「文章」の4つがあります。最も多く使われるのが「名詞」、続いて「体言止め」となります。また、イキイキとした印象を与えたいときに「形容詞」を使うことが多いです。文章型はあまり使用するケースは多くありませんが、小見出しが「結論」や「まとめ」、箇条書き部分の「理由」や「要素」のような関係性を持たせることに注意しましょう。

		概要
名詞		小見出しに最も多く使われる
体言止め		適した名詞がない場合に使用する
形容詞		イキイキとした印象を与えたいときに有効
文章	平叙文	小見出し部分が箇条書きのまとめを示す文章になっている場合に使用する
	疑問文	小見出し部分に疑問を提示し、箇条書き部分でその答えや詳細を示す場合に使用する

名詞を用いた小見出し例

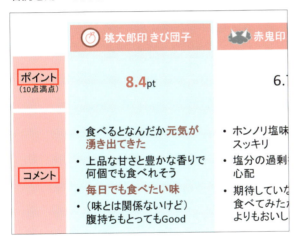

体言止めを用いた小見出し例

形容詞を用いた小見出し例

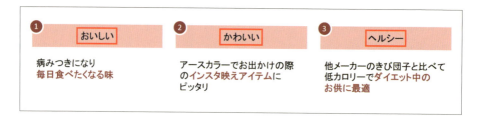

文章を用いた小見出し例

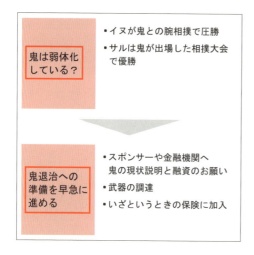

第 **3** 章

一人歩きする資料を作る縁の下の力持ち

暗黙の 図解作成のルール

情報の関係性を表現したり、伝えたいことを視覚的に表現できる図解は
「一人歩きする資料」には欠かせません。
暗黙の図解パターンを知れば
誰でも簡単に使いこなせるようになります。

―― 3.1 図解の重要性と型 ――

解説

図解の活用で情報は伝わる

図解は見た瞬間に内容を理解できる「一人歩きする資料」に重要な表現方法です。
一見難しく見える図解ですが、暗黙のルールを知ることで楽に作成できるようになります。
ここでは、図解の特徴や構成要素を学びましょう。

図解の活用で伝わりやすさアップ

資料作成における図解表現とは、できるかぎり文章を使わずに、図形、画像、矢印や線などを有効に使って情報を整理して伝えることです。

情報を整理して伝えるという点では、第2章で解説した箇条書きと共通する点もありますが、図解は要素同士のつながりや関係性をさらに視覚的に表現できるため、読み手が見た瞬間に内容を理解できるというメリットがあります。

文章で伝えた例

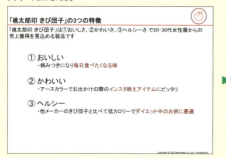

図解した例

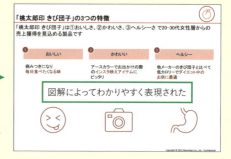

	文章で伝える	図解で伝える
情報の詳しさ	すべての情報が記載されている	重要な情報が抽出されている
情報の視覚化	情報の階層や論理を読み解く必要がある	論理の骨格が視覚化できている
理解の速さ	時間がかかる	一目で理解できる

文書通達など情報を詳しく正確に伝えるのに向いている

プレゼンなど要点を簡潔に伝えるのに向いている

094

図解は4つのパーツからできている

図解は主に❶説明、❷小見出し、❸強調、❹画像の4つのパーツから構成されています。

3つの図解の型を有効活用する

図解は表現したいことを適切な図解の型にあてはめることで簡単に作ることができます。図解の型とは、要素同士の関係性を効果的に視覚化した、図形の基本的なレイアウトパターンのことです。
本書では、使用頻度が高い「列挙型」「対比型」「フロー型」を説明していきます。

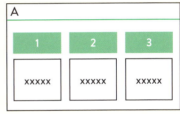

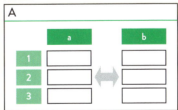

―― 3.1 図解の重要性と型 ――

解説

3つの図解のパターン
1. 列挙型

スライドに載せる情報を図解に落とし込むには、要素の関係性を見極めて、
適した図解パターンを使用することが鍵になります。
「列挙型」は、多くの場合に当てはめて使える万能型の図解パターンです。

列挙型は幅広く使える万能型

列挙型は、説明したい内容に、箇条書きにした説明文の要約や切り口などの「小見出し」を組み合わせた図解です。箇条書きにした要素同士が独立した関係にある場合に使います。例えば、商品の魅力や課題と解決策を提示する場面などに適しています。幅広い場面で活用できることから、万能型の図解とも言えます。

要素同士が独立している場合は列挙型を使う

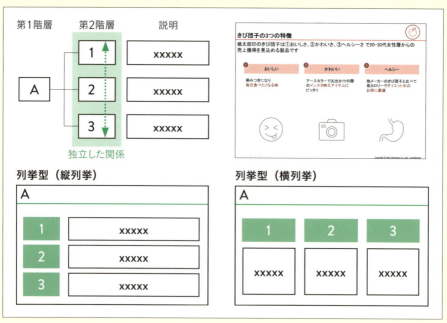

小見出しにメッセージ性をもたせる

小見出しは説明の要約として作成するだけでなく、メッセージ性を込めると効果的です。例えば、商品の魅力を訴求する場合、「品質」「コスト」「納期」ではなく、「高品質」「低コスト」「短納期」として主張や状態を含めて表現することで、メッセージが明確になります。

第2章の箇条書きで触れた「小見出しを活用して、一目でわかる資料を作る」ワザ（P.088）は、この列挙型の図解に当てはまります。

Column

フレームワークを活用して列挙型を使いこなす

列挙型は小見出しをつけるだけで簡単に作れる使い勝手のよさがある半面、ポイントを押さえずに作成すると、単に情報を羅列しただけのように見えてしまい、かえって内容が伝わりづらくなる可能性もあります。列挙型の項目がうまく作成できない場合には、フレームワークを活用することも検討しましょう。

フレームワークとはモノゴトを効率的に考えるための枠組みです。枠組みを使用することで、情報をモレなくダブリなく整理することができます。ここでは代表的なフレームワークを2つ紹介します。

3C

3C分析は、①自社（Company）、②顧客（Customer）、③競合（Competitor）の3項目から現在の状況を分析するためのフレームワークです。新商品開発にむけて自社の置かれている環境を説明する際などに利用できます。

マーケティングの4P

マーケティングの4Pは、①製品（Product）、②価格（Price）、③プロモーション（Promotion）、流通（Place）の4項目からなる、商品購入に向けて活用できる施策の組み合わせです。新商品販売開始にむけて、自社のマーケティング戦略を検討する際などに利用できます。

また対象概念もフレームワークの1種として使えるでしょう。「量」と「質」、「論理的」と「情緒的」など、様々な組み合わせを活用して情報を整理できます。積極的に活用してみましょう。

3.1 図解の重要性と型

解説

3つの図解のパターン
2. 対比型

対比型は2つの対象を比較するときに用いる図解パターンです。
商品やサービスの比較など、対比型を使いこなすことでわかりやすい資料に近づきます。

■ 対象を比較する対比型

対比型は、2つの対象を比較してどの点がどれくらい優れているかという主張をすることができます。図解の縦軸には対象を評価するための比較項目を配置し、横軸には商品やサービスなどの比較対象を配置します。例えば、商品を比較するためには縦軸に「品質」「コスト」「納期」の比較項目を、横軸には「商品a」「商品b」という比較対象を配置します。解決策の提案であれば、縦軸に「効果」「費用」「即効性」の比較項目を、横軸には「解決策a」「解決策b」などの比較対象を配置して比べることができます。

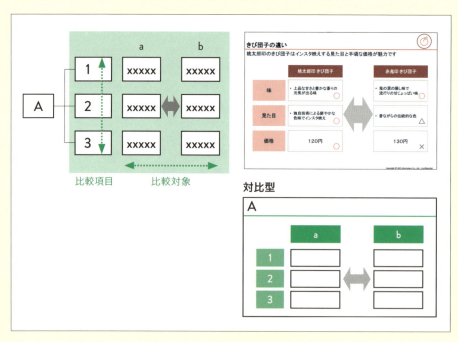

比較項目はどうやって作る?

例えば「桃太郎印 きび団子」をコンビニに売り込む場合、比較対象は競合となる他社の「赤鬼印 きび団子」「おばあさん印 きび団子」となります。

続いて比較項目を選択するには、読み手の意思決定に必要な項目をリストアップします。「桃太郎印 きび団子」では、「味」「見た目」「価格」などが候補となります。それぞれを選択するための大事なポイントは、相手の目線に立つことです。自社が優位に立てる比較対象や、自社に都合のよい評価項目を挙げてしまいがちですが、それでは相手に納得してもらうことは難しいでしょう。作成した比較対象と比較項目が、相手にとって必要な情報を漏れなく押さえているかを確認することが大事です。

比較の評価は簡潔に提示する

対比型の図解を使うときは、提示した比較項目の評価が一目でわかるようにしましょう。○×など一目で優劣がわかる評価をつけた上で、推奨したい対象の小見出しを強調色にするなど一工夫加えると、詳しい説明を読まなくても結論が一目でわかるようになります。

> ○×は図形ではなく文字で記入しましょう。図形で作成すると、サイズの拡大や縮小時に形が歪んでしまったりして修正の手間がかかるためです。文字で記入しておけばこのような変形は生じません。詳しくは第4章のワザ31「評価を追加して伝わる表を作る」(P.147) で説明しています。

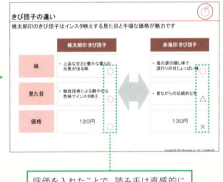

評価を入れたことで、読み手は直感的に内容を理解できる

対比型の活用

対比型は対象を比べて優劣を表現するだけでなく、対象ごとの特徴や違いを表現することにも向いています。

例えば、スマートフォンとデスクトップPCを比較する場合、通勤・通学時に資料を閲覧したり、簡単な作業を行うためにはスマートフォンが、デスクでの資料作成や細かな修整作業にはデスクトップPCが適しています。ママチャリとロードバイクを比較する場合、子どもを保育園に送迎する場合ではママチャリが、スポーツとして走ることを楽しむ場合にはロードバイクが適しています。このように、対比型を利用する場合には対比を行う背景や目的を明確にすることが重要です。作成する資料の目的に合わせて、あらかじめ検討しましょう。

なお先ほどの事例のように、時と場合によって最適な選択肢が変化するという中立的な立場で表現することができる点も対比型の特徴です。中立的な立場での対比型を作成する場合は、優劣をあらわす〇×評価はつけずに、違いを明確にするようにしましょう。

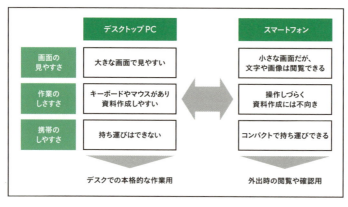

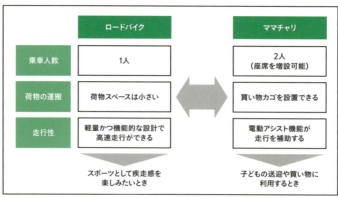

―― 3.1 図解の重要性と型 ――

解説

3つの図解のパターン
3. フロー型

フロー型は時間の流れを説明するときに用いる図解パターンです。
サービスの詳細説明や今後の検討ステップなど使用できる場面も様々です。

時間の流れを表すフロー型

フロー型は、要素に時間の流れが関係している場合に使います。「商品申込の流れ」や「作業工程の説明」など、要素を時間やステップで分解して説明するときに適しています。

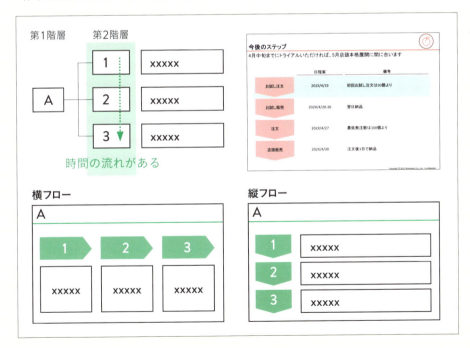

始まりから終わりまでの全体を押さえる

フロー型の大事なポイントは、説明したい内容の流れを漏れなく押さえて3〜5つに分割することです。分割する際は、小見出しのレベル感を揃えましょう。

視点を1つに統一する

説明したい内容の流れを分割するときには視点を統一しましょう。例えば、会員になるとサービスの利用ごとにポイントがもらえ、後でポイントを特典に交換できるというビジネスの流れを考えたとき、利用者の視点では、「会員登録」➡「サービス利用」➡「ポイント獲得」➡「特典申し込み」となります。一方、事業者の視点では、「会員募集」➡「サービス提供」➡「ポイント付与」➡「特典提供」となります。これらの視点が混ざると、「会員募集」➡「サービス利用」➡「ポイント付与」➡「特典申し込み」となり、意味が伝わりにくくなります。フロー型を作成する前に、誰から見た図解なのか視点を決めましょう。

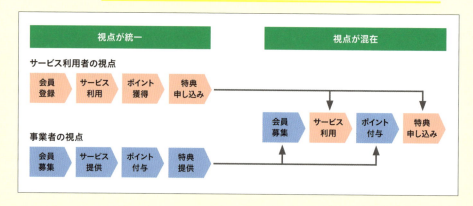

フロー型の小見出しにはブロック矢印を使う

フロー型の図解では、小見出しにブロック矢印を使います（P.103の図参照）。ブロック矢印を使うことで、小見出しの内容だけでなく、進行方向やステップの流れを視覚的に表現することができ、四角形と矢印を組み合わせるよりも図形の数を減らしてスッキリ見せることができます。

Column

フロー型は分割が命

時間の流れは連続しているため、どのように分割するかが重要です。上記の会員登録のサービス例で言えば、「サービスの利用前」→「利用中」→「利用後」と分けることもできますが、抽象度が高く読み手に伝えたい内容が伝わりにくい可能性があります。また、例えば事業者側が顧客満足度向上のための課題分析をする場合には、利用中と一括りにしてしまうと、課題がサービス提供段階とポイント付与段階のどちらにあるかわからなくなります。分析目的との整合性や意味合いの出しやすさから、適切な切れ目で分けることがポイントになります。

—— **3.1** 図解の重要性と型 ——

解説

図解に使用する
基本の図形

**基本の図形を活用することで、シンプルでわかりやすい図解を作ることができます。
ここでは、資料作成に利用する図形の種類を学びます。**

図解には基本図形を使用する

図解は、図形や線を使って要素同士の関係性を表現します。PowerPointには多種多様な図形が登録されていますが、基本図形に絞って使用しましょう。使用する図形の種類が増えすぎると、統一感のないスライドになってしまいます。

図解に使用する図形

分類	図形の形	図形例	用途
図形	四角形		・小見出しや説明の文字を入力する
	ブロック矢印		・フロー型の図解で、小見出しの文字を入力する
	円		・番号を入力する
	三角形		・情報や論理の流れを表す
線	直線		・タイトルや小見出しの文字を入力する（実線） ・図形や情報間に境界線を引く（点線）
	折れ線		・図形と図形を結ぶ

第3章 暗黙の図解作成のルール

四角形

四角形は小見出しや説明を書くために使用します。様々な種類の四角形がありますが、角丸の四角形は、図形のサイズを変えると、角の丸み具合も変わってしまい、異なるサイズの四角形を並べたときに、角の形状がバラついてしまい、美しく見せることができません。こうしたデメリットや修正する手間を省くため、基本的には直角四角形を使用しましょう。

ブロック矢印

ブロック矢印は、流れを示すフロー型の小見出しに使用します。矢印の太さを変更すると三角形の角度が変わってしまうため、使用する際には注意が必要です。

円

円は正円を描いた中に数字を入力し、番号をつけるために用います。楕円より正円を使用するほうがスライドが整った印象になります。

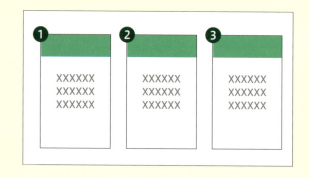

三角形

三角形は、情報や論理の流れを示す矢印として使用するのに便利です。複数の要素を列挙し、結論へとつなげる際に使うと有効です。

なお三角形は、説明したい内容ではなく関係性を示す補助図形のため、ベースカラーとは異なるグレーなどで塗りましょう。

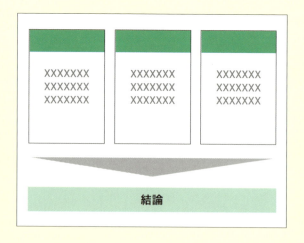

線

直線はグラフのタイトルなど背景を塗らない場合に、小見出しを目立たせます。
また、点線の直線は、情報同士を区分する境界線として使います。

折れ線

折れ線は、図形同士をつなげるときに使用します。折れ線を使うと曲がる角度が90度で統一されるため、図と図のつながりを綺麗に見せることができます。

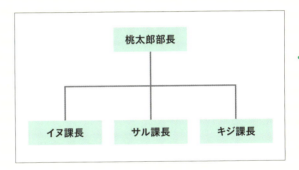

Column

線と矢印は同じ図形

矢印を引きたかったのに線になってしまい、図形の挿入からもう一度やりなおしている人はいませんか。実は線の図形と矢印の図形は、根本的には同じ図形になっており、挿入した後から切り替えることができます。

変更したい線を右クリックして、「図形の書式設定」から、「図形のオプション」→「塗りつぶしと線」を選択すると、始点と終点の矢印の種類を変更できます。また、矢印の形も様々な種類があり、好きな形やサイズを選択できるので、用途に合わせて使い分けましょう。

―― **3.2** わかりやすい図解を作ろう ――

解説

図解作成の
4つのステップ

**図解を作成するときは
「図形の作成」「図形の配置」「文字の入力」「図形の調整」の
4つのステップで進めましょう。**

図解の効率的な作り方

第1章の「資料作成のステップ4 スライドイメージを手書きする」(P.060)で作成した下書きをもとに、必要な図形の種類と数を見積もって、基本パーツとなる図形を挿入し、それらを組み合わせて図形の「まとまり」を作成します。

図形の「まとまり」を複製して基本的な図解のレイアウトを構成し、配置を整えたら図形に文字を入力し、重要箇所の強調やピクトグラムを追加してビジュアルを整えましょう。

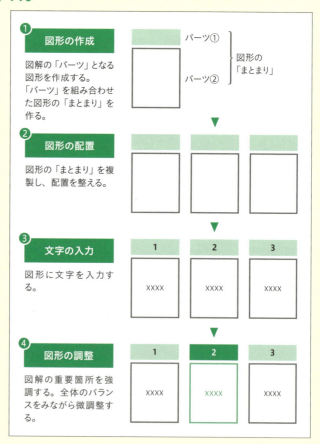

暗黙のワザ **16**

―― 3.2 わかりやすい図解を作ろう ――

図形のサイズを
きれいに揃える

ワザレベル1

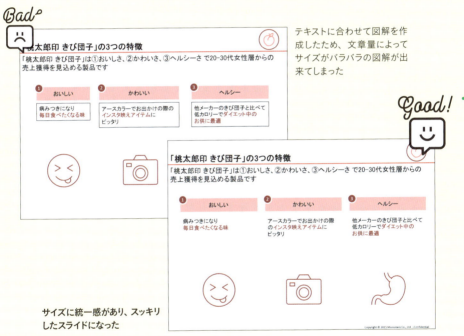

図形のサイズを調整しながら作成する

図解を作るには下書きをもとに図解のパーツを作成します。このとき図形の基本を知らずに作成すると、サイズ修正の手間が増えて時間がかかってしまいます。
ここでは、サイズの変更について暗黙のルールを確認しておきましょう。

比率を保持して画像サイズを変更する

挿入した図のサイズを縦横の比率を変更せずに拡大・縮小するときには、［Shift］キーを押しながらドラッグします。

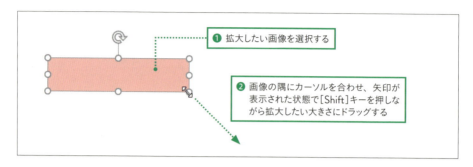

❶ 拡大したい画像を選択する

❷ 画像の隅にカーソルを合わせ、矢印が表示された状態で［Shift］キーを押しながら拡大したい大きさにドラッグする

図形の中心位置を変えずに拡大・縮小したい場合には、［Shift］キーと［Ctrl］キーを押しながらドラッグします。

数値を指定して画像サイズを変更する

図形と文字のバランスを確かめながら調整したいときは、ツールバーの［書式］から行います。

サイズを変更したい画像を選択し、「書式」タブのサイズに変更したい数値を入力する

サイズ欄に値を入力する代わりに、数値横の［∧］［∨］を押して少しずつサイズを変更することも可能です。

テキストボックスを使用するときは「自動調整」をオフにする

文字を入力するとき、図形に直接テキストを入力する方法と、テキストボックスを挿入して入力する方法がありますが、基本的にはテキストボックスは使わず、図形に直接入力しましょう。時短できるだけでなく、テキストボックスの位置がずれることで統一感を損ねる心配がないからです。また、テキストボックスは初期状態では「自動調整なし」にチェックが入っていません。「自動調整あり」の状態だと文字の量に応じてボックスのサイズが変わってしまい、位置やサイズを揃えるのが困難になります。

他の人が過去作成した資料を再利用する場合など、すでにテキストボックスを使用した資料を編集するときなどは、テキストボックスの設定を「自動調整なし」に変更しましょう。

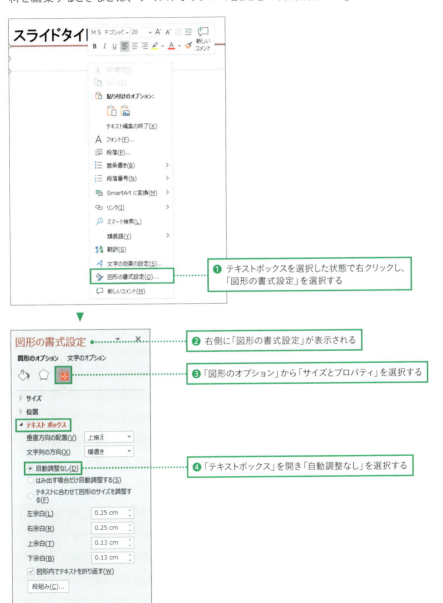

暗黙のワザ **17**

― 3.2 わかりやすい図解を作ろう ―

図形はコピペで 賢く・素早く配置する

ワザレベル3
☺ ☺ ☺

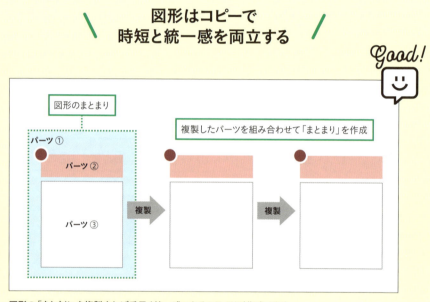

図形の「まとまり」を複製すれば手早く統一感のあるスライドが作成できる

図形を作る前に複製できるところを探す

下書きに沿ってスライドを作成する際に、いきなり作業を始めてはいけません。スライド作成時間を最も短縮する方法は、スライドの中で同じ図形の「まとまり」を探すことです。例えば、列挙型のスライドを作成する場合には、少なくとも小見出し用の四角形、説明文用の四角形、番号用の正円の3つを、要素の数だけ用意することになります。その場合は、まず3つの図形のまとまりを作成してから、要素の数だけコピーをするようにしましょう。全てのパーツをバラバラに作成するのではなく、まとまりを作成してからコピーをすることで、時間短縮につながります。

複製に便利な3つのショートカットキー

図形の複製というとコピー（[Ctrl]+[C]）と、ペースト（[Ctrl]+[V]）という2つのショートカットを組み合わせて使用する人がいるかもしれません。
実は、図形を選択した状態で[Ctrl]キーを押したままドラッグし、配置したい場所でドロップすると図形を複製できます。

コピー（[Ctrl]を押しながらドラッグ）

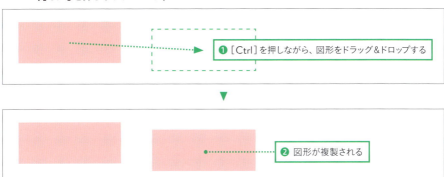

さらに、[Ctrl]+[D]キーというショートカットも覚えておきましょう。図形を等間隔に配置しながら、複製できます。図形を複数にわたって複製する場合、コピー&ペーストを使用するより、均等に整列させる作業を省くことができる分、手早く行えます。

複製の繰り返し（複製後に[Ctrl]+[D]）

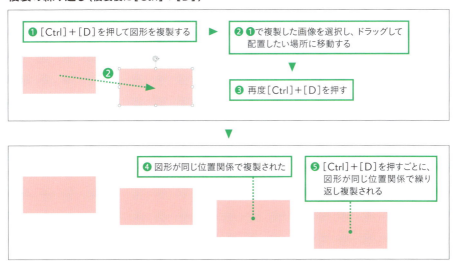

暗黙のワザ 18

―― 3.2 わかりやすい図解を作ろう ――

図形は
均等に整列で見栄えよく

ワザレベル2
☺ ☺ ☺

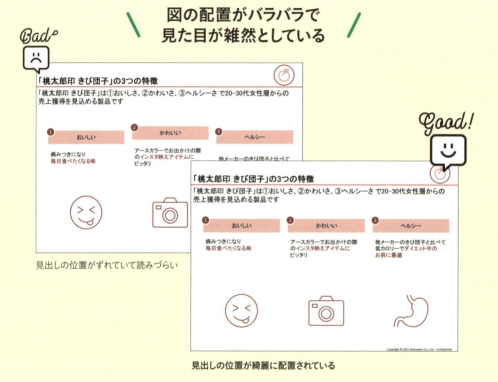

図形の配置を整える

パソコンの画面上では、ずれているように見えなかったのに、プレゼンテーション時に大画面で投影してみると、図形の位置が揃っていないということがあります。図形の位置が揃っていないと、図解として認識しづらく内容理解に時間がかかります。図形の配置を整えるには「図形を整列」させる機能を使います。マウスで図形を動かすより正確に、かつ素早く図形を配置することができるので、図解の作成終了前に必ず確認しましょう。

図形の均等整列

図形を均等に整列するには、①左右に整列、②上下に整列の2種類があります。図解を横方向に展開する場合は左右に均等に整列し、縦方向の場合は上下に均等に整列させることができ便利です。

左右に整列

上下に整列

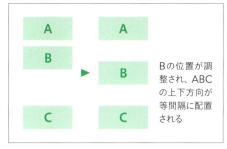

その他の整列

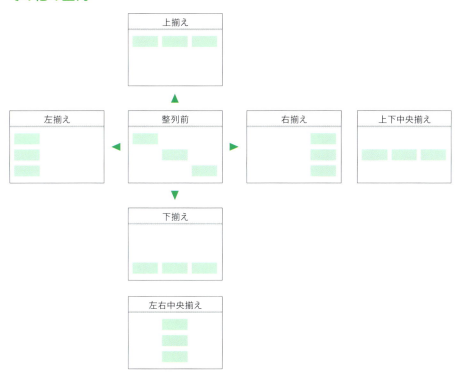

図形を整列させる

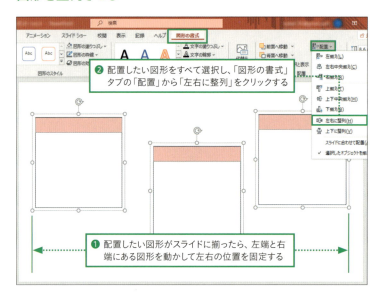

両端の図形はガイド位置を参考に配置しましょう。

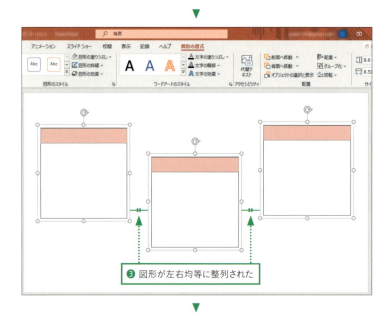

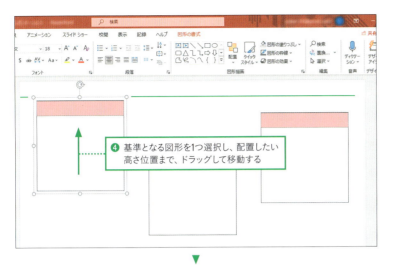

❹ 基準となる図形を1つ選択し、配置したい高さ位置まで、ドラッグして移動する

▼

❺ 図形をすべて選択し、「配置」から「上揃え」を選択する

▼

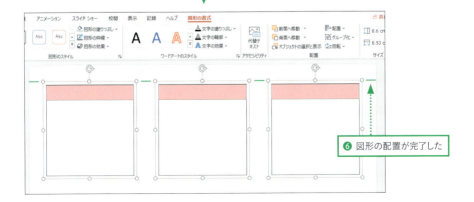

❻ 図形の配置が完了した

暗黙のワザ **19**

——— **3.2 わかりやすい図解を作ろう** ———

図形は
平行移動でズレ知らず

ワザレベル1

図形を平行に動かす

図形をマウスで移動するときに手元がぶれてしまい、意図せず図形の位置が微妙にずれてしまうことがあります。このような場面では、ショートカットを活用しましょう。図形を水平、もしくは垂直方向に平行移動できるため、位置を修正する手間が省けます。

［Shift］キーを押しながらドラッグする

平行移動の操作は、図形を選択後［Shift］キーを押しながらドラッグします。これで左右の水平方向、もしくは上下の垂直方向に動かすことができます。

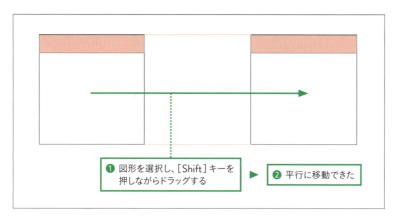

❶ 図形を選択し、［Shift］キーを押しながらドラッグする ▶ ❷ 平行に移動できた

［Ctrl］＋［Shift］キーを押しながらドラッグする

2つのキーを押したまま、図形をドラッグ＆ドロップさせて複製します。［Shift］キーを押すことで、図形は、水平もしくは垂直方向にしか動きません。マウスで操作したときの微妙な位置ズレを防いでくれます。

水平・垂直方向に複製（[Ctrl]＋[Shift]を押しながらドラッグ）

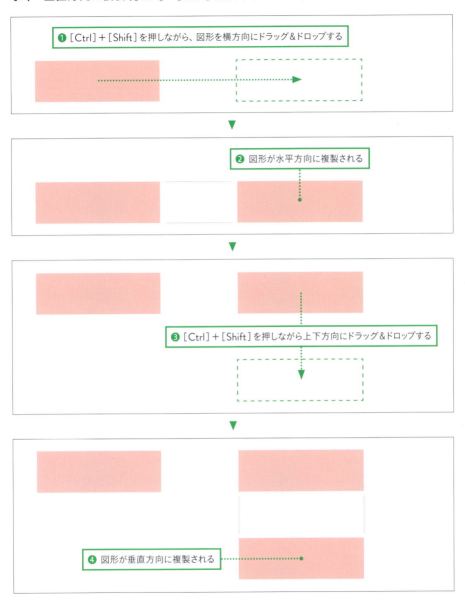

直線を引くときもやり方は同じ

図解を作成する際やグラフの小見出しを作るとき、要素同士を区別するために直線を引く必要があります。❶「挿入」タブの「図形」から「線」を選択し、図形の平行移動と同じ要領で❷［Shift］キーを押しながら線を引くとまっすぐな線を引けます。

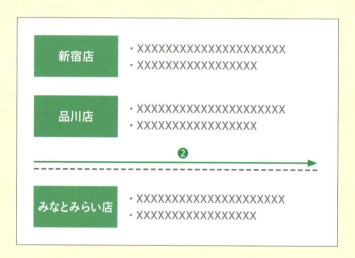

Column

図形間を調節できる便利な［Shift］キー

列挙型で図解を作成している際に、要素の間を広げすぎてしまうことがあります。［Shift］キーを押しながら矢印キーの［↑］または［→］を選択すると、上下または左右に図形のサイズを拡大して隙間を埋めることができます（既にグループ化された図解を除く）。逆に隙間が狭すぎた場合は、矢印キーの［↓］または［←］を押すと図形のサイズを縮小できます。

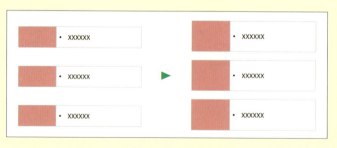

暗黙のワザ **20**

―― **3.2 わかりやすい図解を作ろう** ――

パレットにない色への変更はスポイトを使う

ワザレベル 3
☺☺☺

スポイトは色をコピーする機能

スポイトは、図形や画像から色を採取しコピーできる機能です。スポイト機能を使えば、企業ロゴやウェブサイトと同じ色を再現するためにカラーパレットを睨みながら、微妙な色の違いを判別する必要はありません。他の人が作成した色を正確に再現でき、色選択の幅が広がります。

> 色だけでなく文字も含めた書式情報をコピーしたい場合は、「書式のコピー」を使います。

スポイトを使用して図形や画像から色を吸い取る

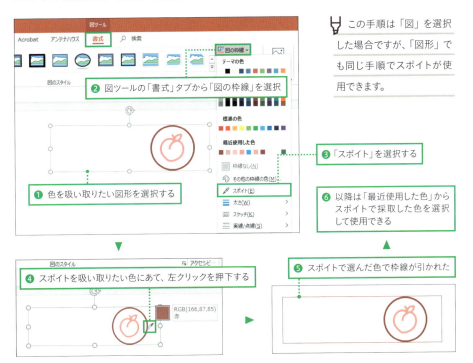

―― 3.2 わかりやすい図解を作ろう ――

色の濃淡を活用して情報の強弱を表現する

暗黙のワザ 21

ワザレベル1

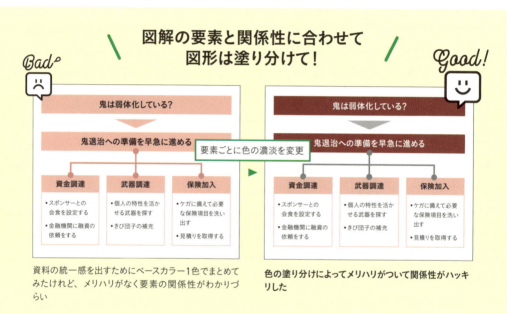

図解の要素と関係性に合わせて図形は塗り分けて！

資料の統一感を出すためにベースカラー1色でまとめてみたけれど、メリハリがなく要素の関係性がわかりづらい

色の塗り分けによってメリハリがついて関係性がハッキリした

図形の色は用途や内容に合わせて変更する

作成した図形の色はP.022「使用する色はベースとアクセントの2色」で設定したベースカラーを使用しましょう。とはいえ、すべての図形を同じ色で塗ってしまうと、メリハリがなくのっぺりした資料に見えてしまいます。図形の色を塗るときは2つのルールを守りましょう。

1.「要素の図形」と「関係性の図形」を塗り分ける

要素の図形とは、スライドで説明したい内容が入る図形のことです。四角形やブロック矢印、円で作成します。これらの要素はベースカラーを使用して塗りましょう。
関係性の図形とは要素同士の関係性を示すために補助的に用いられる図形のことで、三

角形や直線、折れ線で作成します。これらは補助図形であることを示すためにグレーで塗ります。
この塗り分けができていないと、読み手はどこまでが説明内容なのか判断がつきにくくなります。必ず要素を整理して塗り分けましょう。

2. 抽象度に合わせて図形を塗り分ける

列挙型を使用して商品の特徴を3つ説明する場合には、3つの特徴という要素の上に「新商品の特徴」のように抽象度の高い図形を挿入することがあります。このように、図形ごとに内容の抽象度が異なる場合には、上に配置した図形と具体的な説明内容の図形を塗りわけることで、レベルが異なっていることを表現します。
抽象度が高い項目を濃い色で塗ることを意識するとよいでしょう。

カラーパレットで色を変更する

図形の色を変更するには、カラーパレットを利用します。変更したい図形を選択して、右クリックで「図形の塗りつぶし」を選択することで、カラーパレットを表示させることができます。なお直近で使用した10色まではカラーパレット内の「最近使用した色」に表示されます。それらの色を使用する際は「最近使用した色」から選択しましょう。

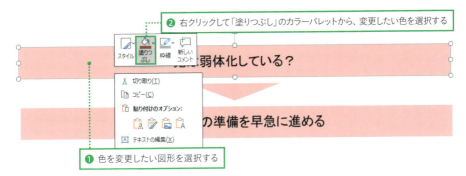

図形を塗りつぶしたときは枠線を消す

図形の塗りつぶしをする際は枠線を消しましょう。塗りつぶしたことで、図形の領域が明確になるため、更に枠線で囲うとかえって見づらくなります。また、図形に説明を記入するときには、背景は基本的に塗りつぶさないようにしましょう。グレースケールで資料を印刷したときに、枠線が出力されないようにするためです。

暗黙のワザ **22**

——— 3.2 わかりやすい図解を作ろう ———

図形に「文字」を入れる

ワザレベル1

図形に文字を入れる

図解のための図形が揃ったら、いよいよ文字を入力しましょう。
文字を入力するときは、テキストボックスを更に挿入して図形の上に重ねてしまいがちですが、テキストボックスを使わず図形に直接入力します。また、テキストは必ず箇条書きにしましょう。長々と文章を入れると、せっかくの「視覚化して伝わる図解」のメリットを活かしきることができません。

テキストボックスの作成や重ねる作業に手間がかかるだけでなく、文字位置の修正をする必要が出てくるからです。図形に直接入力することで、これらの手間を省くことができます。

最初に図解のもととなる図形を完成させ、文字を入れるのは一番最後にまとめて行います。図形のまとまりを1つ作成しては文字を入れ、また別の図形を作成する……というやり方は調整に手間と時間がかかってしまうためです。

文字入力は［F2］キーでスムーズに行う

図形を選択後、［F2］キーを押すと文字が入力できる編集モードになります。［Esc］キーを押すと、編集モードから図形を選択した状態に戻ります。

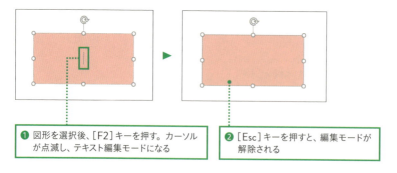

❶ 図形を選択後、［F2］キーを押す。カーソルが点滅し、テキスト編集モードになる

❷ ［Esc］キーを押すと、編集モードが解除される

文字の入力スペースを確保する

入力する文字量によっては、図形のスペース内に収まらないこともあります。文字を入力するスペースを確保するために、図形の余白を調整しましょう。

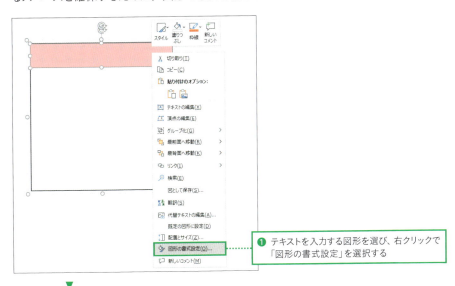

❶ テキストを入力する図形を選び、右クリックで「図形の書式設定」を選択する

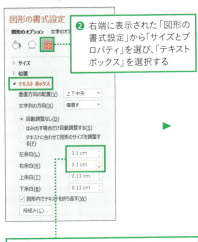

❷ 右端に表示された「図形の書式設定」から「サイズとプロパティ」を選び、「テキストボックス」を選択する

❸ 左余白と右余白の数字を「0.1cm」に変更する

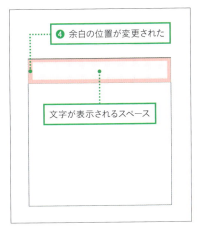

❹ 余白の位置が変更された

文字が表示されるスペース

暗黙のワザ 23

—— 3.2 わかりやすい図解を作ろう ——

図形に「要素番号」を振る

ワザレベル2
☺☺☺

図形に番号を入れる

番号は、図解の目的や状況に応じて活用することで、図解の伝わりやすさがアップする追加表現です。特にプレゼンテーションを想定する資料の場合は、番号がついていると自分が説明する場合だけでなく、相手が質問をする場合にも便利です。ここでは番号の効果的な利用方法を紹介します。

番号の効果的な使い方

① タイトルやメッセージとの整合性を高める
例えば「3つのメリット」という表記がスライドメッセージにある場合、それを説明するボディ部分に、番号を振ることでそれぞれの対応関係が把握しやすいというメリットがあります。

② 順序を正確に示す
ステップや順序がある場合に、番号を順に追っていくことで説明が理解しやすくなります。フロー型の図解では特に多く使われています。

③ 情報の全体像を示す
あらかじめ番号を提示することで、全体で「いくつ」の情報があるのかすぐに把握することができ、伝わりやすい資料を作ることができます。

> 同じ考え方で、小見出しの切り口や観点を示す言葉を入れる場合もあります。小見出しが単なる羅列に見えないように第1章のP.077で説明したMECE感を保つ効果があります。抽象度が異なるため、それぞれ別の図形に分けます。

番号の入れ方

番号を入れるときには、円の図形を用意してその中に数値を入力していきましょう。項目名の頭に数字を入力する方法もありますが、別の図形で作成することで、視覚的にも情報を区別できます。

円を利用して番号を作る

円は正円を使いましょう。正円は図形描画から円を選択後、[Shift]キーを押しながら円を描きます。

番号を入れた円は小見出しの左上に配置することが一般的です。左から右、もしくはZ型に動くという人の視線の流れに合わせています。また入力した数字は、上下・左右の中央揃えをすることを忘れないようにしましょう。

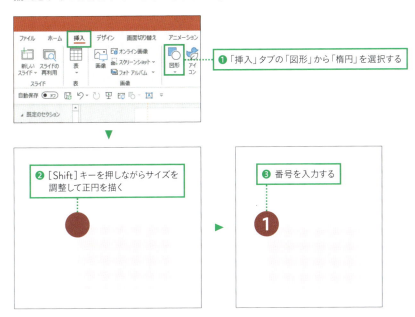

暗黙のワザ **24**

――3.2 わかりやすい図解を作ろう――

「既定の図形」で 書式を自動反映する

ワザレベル3
☺☺☺

図形をフォーマット化する

新しく図形を作成するごとに、文字のフォントの種類やサイズ、背景色などを整えると手間がかかってしまいます。また、複数のメンバーで1つの資料を分担して作成する場合、設定する書式がバラバラでは統一感がありません。資料を作る際にはあらかじめ、会社やチームの共通のガイドラインに従って、標準の書式を設定した図形を用意しておきましょう。「既定の図形」を設定することで、新規の図形を作成する際も、その設定が自動的に反映されるようになります。「既定の図形」として設定できるのは「図形」「線」「テキストボックス」の3つです。

> 💡 「既定の図形」「既定の線」「既定のテキストボックス」はそれぞれ設定する必要があるため、「既定の図形」ではフォントサイズを16ptに、「既定のテキストボックス」ではフォントサイズを14ptにするなど、それぞれの基準の書式を設定しましょう。なお、「既定の図形」を2パターン設定することはできないため、一番よく使うパターンを設定しておきましょう。

「既定の図形」を設定する

資料作りをする前に、会社のガイドラインに沿ってルールに基づいた図形を作成します。このとき、第1章～第3章で説明した「図形の塗つぶしの色」や「枠線の有無」「余白」「文字の色」「文字の大きさ」や「フォント」を参考に図形に書式を設定しましょう。

> 💡 規定の図形には解除方法がありません。元に戻したい場合は、元の図形と同じ書式の図形を新たに作成し、その図形で規定の図形を上書きしましょう。

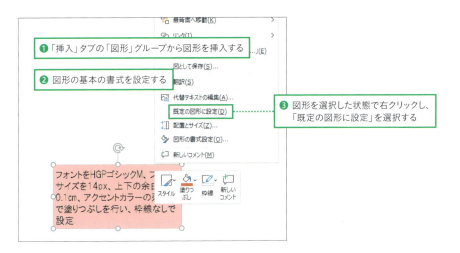

💡 ここではフォントを HGP ゴシック M、フォントサイズを 14px、上下の余白を 0.1cm、アクセントカラーの薄い色で塗りつぶしを行い、枠線なしで設定しました。

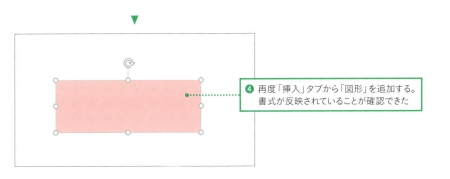

💡 「既定の線」と「既定のテキストボックス」も同様の手順で設定できます。

💡 「既定の図形」で設定した書式は、自動的に楕円や三角形など他の図形にも適用されます。

暗黙のワザ
25

―― 3.2 わかりやすい図解を作ろう ――

大事な部分を強調する

ワザレベル2

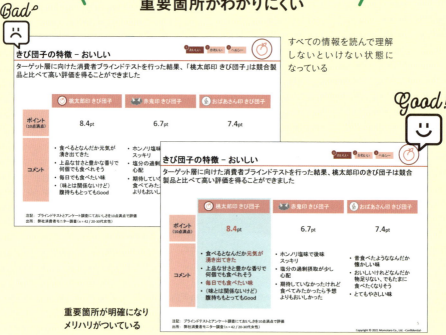

強調表現の目的は視線を誘導すること

強調表現を利用する目的は、スライド上の重要箇所へ相手の視線を誘導することです。強調表現を使うことで、読み手はスライドに記載されたすべての情報を読まなくても、重要なメッセージを一目で理解することができます。図解で利用される強調には、①文字の強調、②図形の強調、③背景の強調の3つの方法があります。

キーワードを強調するには「文字の強調」

文字の強調は、キーワードとなる言葉を強調色に変更して太字にします。こうすることで、テキストが多い場合でも、強調したい文字が埋もれずに読みやすくなります。

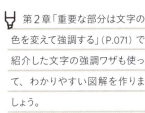

第2章「重要な部分は文字の色を変えて強調する」(P.071) で紹介した文字の強調ワザも使って、わかりやすい図解を作りましょう。

小見出しの内容を強調するには「図形の強調」

小見出しの内容を強調するには、図形の色を濃いめのベースカラーかアクセントカラーにします。文字の強調より強調された領域が大きく、よりダイレクトに伝わります。

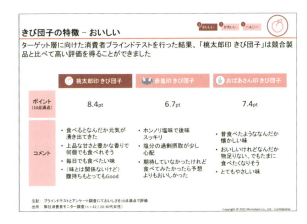

範囲を強調するには「背景色の強調」

範囲の強調は、複数の図形や広い範囲を強調したい場合に行います。強調したい範囲をアクセントカラーで強調します。方法は、薄い色で塗りつぶした四角形を作成し、最背面に配置します。

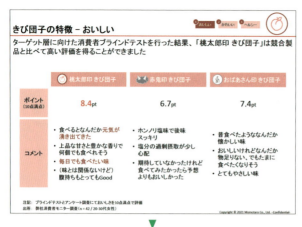

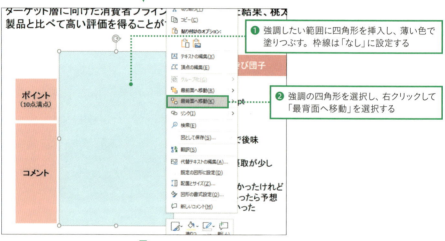

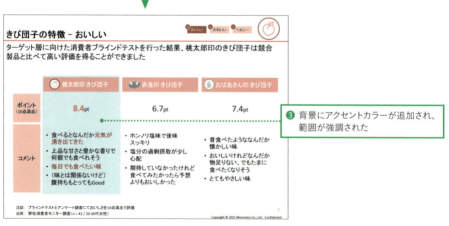

暗黙のワザ **26**

——— 3.2 わかりやすい図解を作ろう ———

図解はグループ化して最終調整する

ワザレベル1

情報を追加するために縮小したらレイアウトが崩れてしまった

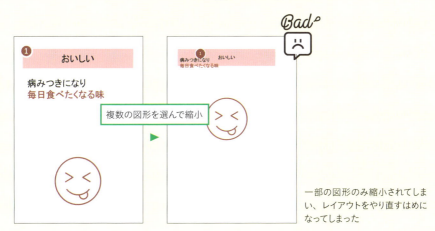

複数の図形を選んで縮小

Bad

一部の図形のみ縮小されてしまい、レイアウトをやり直すはめになってしまった

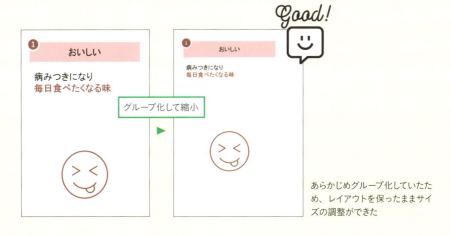

グループ化して縮小

Good!

あらかじめグループ化していたため、レイアウトを保ったままサイズの調整ができた

第3章 暗黙の図解作成のルール

複数の図形をまとめる「グループ化」

図形を配置したあと、いざ文字を入力してみると、情報量とスペースが合わずレイアウトの調整が必要になる場合があります。ここで、1つ1つの図形の大きさや位置を調整していると大変な労力が発生します。

このような場面では、必ず図形をグループ化しましょう。グループ化することで、複数の図形を1つの図形として扱えるようになります。グループ化した図形は、相対的な位置や大きさの関係を保持したまま拡大と縮小、移動を行うことができるため、レイアウトが崩れることがありません。

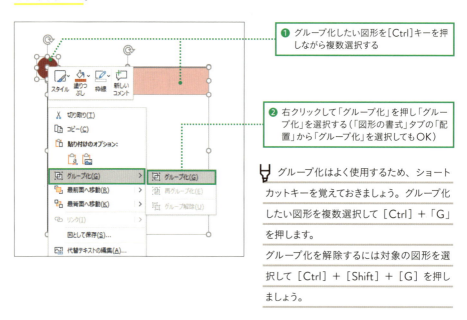

❶ グループ化したい図形を[Ctrl]キーを押しながら複数選択する

❷ 右クリックして「グループ化」を押し「グループ化」を選択する（「図形の書式」タブの「配置」から「グループ化」を選択してもOK）

💡 グループ化はよく使用するため、ショートカットキーを覚えておきましょう。グループ化したい図形を複数選択して[Ctrl]+「G」を押します。
グループ化を解除するには対象の図形を選択して[Ctrl]+[Shift]+[G]を押しましょう。

💡 グループ化を利用したレイアウト調整は非常に便利な機能ですが、縦横比には気を付けましょう。例えば正円や画像が入っている場合、それらもまとめてグループ化してしまうと縦横比が変わってしまい、見た目がおかしくなってしまいます。縦横比を保持する必要がある図形や画像は選択から外してからグループ化しましょう。

第 **4** 章

データの見せ方にも暗黙のルールあり

情報を視覚化して伝える 表とグラフのルール

売上報告や市場のシェア率、
他社商品との比較など、
PowerPointの資料作りに表やグラフは切っても切り離せません。
伝えたいデータを適切な形で表現するためのテクニックを集めました。

—— **4.1 表をマスターしよう** ——

解説

情報整理の強い味方
表の3つの種類

資料作成ではさまざまな情報を同時に扱うことが多くあります。
表の表現方法を習得して、必要な情報を整理して伝えましょう。

表は情報を整理して伝えることができる

人を動かす資料を作成するためには、相手が求める情報を過不足なく伝えてあげる必要があります。しかし、情報が多すぎると1つ1つの内容が伝わりづらくなってしまうため、情報は表に入れて整理することで、見やすいスライドを作るように心がけましょう。表も図解と同様に、強調表現や「〇」「△」「×」などの評価を加えることで、伝えたい情報を際立たせることができます。

▽ 強調表現や評価を使用して伝えたいポイントを絞ろう！

ビジネス資料で使う3つの表

表には3つの種類があります。1つ目は収入や支出などの数値データを扱う**データ表（テーブル）**です。この表はExcel関数で計算して整理するため、Excelで作成した表をそのままスライドに貼って作成することができます。

2つ目は、比較対象を分類して整理する**関連表（マトリクス）**です。この表は集めた情報を2元表の形で表現したもので、 ▽ 定量情報と定性情報のどちらも同時に利用できるため、資料を作る際には重宝します。

3つ目は、スケジュールを確認するための**線表（ガントチャート）**です。あらかじめ作成したカレンダーに、矢印や塗りつぶしを利用してスケジュール情報を整理することで進捗状況を管理します。

▽ **定量情報と定性情報**

定量情報は数値化できるもの、定性情報は数値化できないものを指します。

データ表 (テーブル)：数値データをわかりやすく見せる

	新宿店	池袋店	渋谷店
売上高（千円）	15,000	12,000	16,000
前年比（%）	12.0	8.0	10.0

関連表 (マトリクス)：数値化できる情報とそれ以外の情報を同時に扱うことができる

	A店	B店	C店
値段	800円	1,200円	1,000円
ジャンル	中華	イタリアン	和食
その他	大盛り無料	コーヒー付き	選べる小鉢

線表 (ガントチャート)：タスクとそのスケジュールを1つにまとめる

	4月	5月	6月	7月
受注				
製造				
検査				
出荷				

Column

関連表 (マトリクス) の行と列には何を入れる?

表を作成する際には、上の関連表のように先頭行に比較したい対象（A店、B店、C店）を配置し、先頭列には分類する項目（値段、ジャンル、その他）を配置することが一般的です。さらに目立たせたい比較対象をC店のように塗り分けすることで他のデータとの差を際立たせることができます。

先頭行と先頭列の項目を反対に配置すると比較対象が上下に並んでしまい、上に配置した対象ほど、優れていると読み手に誤解を与えてしまいます。

	値段	ジャンル	その他
A店	800円	中華	大盛り無料
B店	1,200円	イタリアン	コーヒー付き
C店	1,000円	和食	選べる小鉢

C店に注目して欲しいのに、上にあるA店が優れている印象を受けてしまう

暗黙のワザ **27**

—— 4.1 表をマスターしよう ——

既定の表スタイルは
使わない

ワザレベル3
😊😊😊

データが見にくいデフォルトの表スタイル、そのまま使用するのはNG！

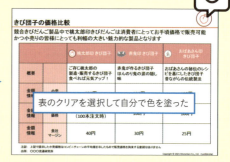

PowerPointのデフォルトの表スタイルは、すべてのセルに色が塗られているため肝心の情報が伝わりにくい

シンプルでスッキリ見やすい表ができた！

▍表スタイルはクリアして使う

PowerPointの「挿入」タブから「表の挿入」を選択して表を挿入すると、デフォルトの表スタイルが適応されます。そのまま使用しても間違いではないのですが、各セルの中身が多くなればなるほど内容が見づらくなってしまいます。表のスタイルをクリアして、必要な箇所にだけ色を塗ることで、シンプルで見やすい表を作成することができます。

作成した表のスタイルをクリアする

❶「挿入」タブから「表」をクリックし「表の挿入」を選択する

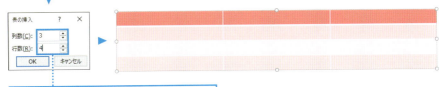

❷ 列数と行数を指定して「OK」を押すと表ができる

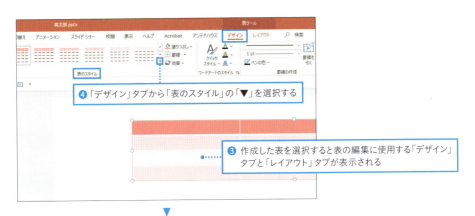

❹「デザイン」タブから「表のスタイル」の「▼」を選択する

❸ 作成した表を選択すると表の編集に使用する「デザイン」タブと「レイアウト」タブが表示される

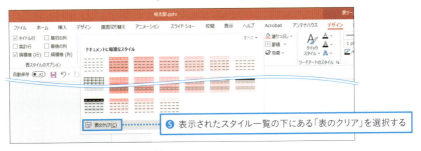

❺ 表示されたスタイル一覧の下にある「表のクリア」を選択する

⑥ 表のスタイルが消えシンプルな表が完成した

「表のクリア」をしたことで罫線だけのシンプルな表ができました。このままでは見づらいため、先頭行と先頭列にベースカラーを塗りましょう。

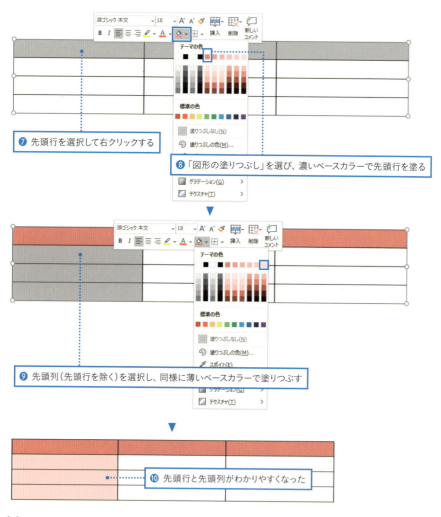

⑦ 先頭行を選択して右クリックする

⑧ 「図形の塗りつぶし」を選び、濃いベースカラーで先頭行を塗る

⑨ 先頭列（先頭行を除く）を選択し、同様に薄いベースカラーで塗りつぶす

⑩ 先頭行と先頭列がわかりやすくなった

先頭行は濃い色、先頭列は薄い色で塗ります。

書式を設定する

テキストを入力する前に、表の書式設定をしましょう。

先頭行と先頭列は「中央揃え」にして文字がセルの中央に配置されるようにします。さらに表全体も「上下中央寄せ」を選んで上下幅が均等になるように変更しておきます。

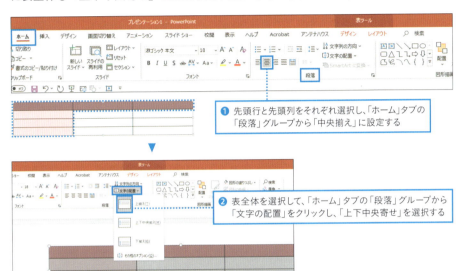

❶ 先頭行と先頭列をそれぞれ選択し、「ホーム」タブの「段落」グループから「中央揃え」に設定する

❷ 表全体を選択して、「ホーム」タブの「段落」グループから「文字の配置」をクリックし、「上下中央寄せ」を選択する

先頭行と先頭列以外のセルは基本的に箇条書きで記入します。箇条書きのスタイルを設定しておきましょう。

❸ 先頭行と先頭列以外を選択し、「ホーム」タブの「段落」グループから「箇条書き」を設定する

文字を入力する

設定が完了したら、文字を入力して表を完成させましょう。

	A社	B社	C社
品質	・XXXXXXX ・XXXXXXX	・XXXXXXX ・XXXXXXXXXX	・XXXXXXX ・XXXXX
価格	○○円	○○円	○○円
納期	△月△日	△月△日	△月△日

セルの内容が数字や単語のみの場合は箇条書きを使わずに中央揃えを使用します。

暗黙のワザ **28**

――― 4.1 表をマスターしよう ―――

重複する項目は セル結合で整理する

ワザレベル1

同じ内容が続くセルは結合でスッキリさせて

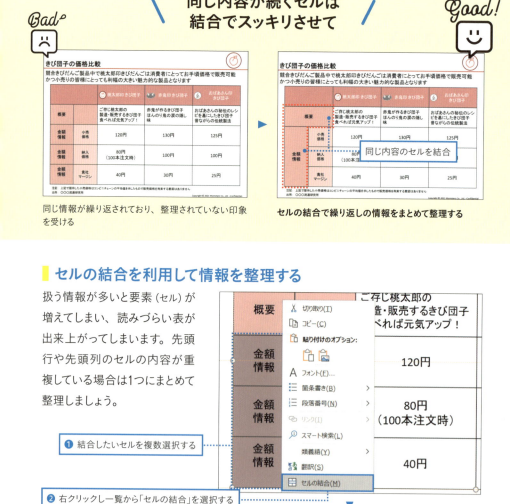

セルの結合を利用して情報を整理する

扱う情報が多いと要素（セル）が増えてしまい、読みづらい表が出来上がってしまいます。先頭行や先頭列のセルの内容が重複している場合は1つにまとめて整理しましょう。

❶ 結合したいセルを複数選択する

❷ 右クリックし一覧から「セルの結合」を選択する

	概要		製造・販売するきび団子 食べれば元気アップ！

❸ 選択していたセルの内容が1つにまとまる。
必要ないテキストを削除する

金額 情報 金額 情報 金額 情報	小売 価格	120円
	納入 価格	80円 （100本注文時）
	貴社 マージン	40円

▼

	概要		製造・販売するきび団子 食べれば元気アップ！

❹ 行頭の情報が整理された

金額 情報	小売 価格	120円
	納入 価格	80円 （100本注文時）
	貴社 マージン	40円

▼

❺ 上の「概要」セルも同様に結合して整理する

Column

重複するセルがないときの情報のまとめ方

セルの数（情報量）が多く、重複した内容が存在しない場合でも、セル同士に共通する要素を追加することで情報を見やすく整理できます。

店舗名	売上
新宿店	400,000円
有楽町店	350,000円
品川店	370,000円
渋谷店	450,000円
川崎店	350,000円
横浜店	420,000円
平塚店	320,000円

▶

都道府県	店舗名	売上
東京都	新宿店	400,000円
	有楽町店	350,000円
	品川店	370,000円
	渋谷店	450,000円
神奈川県	川崎店	350,000円
	横浜店	420,000円
	平塚店	320,000円

店舗名の要素をまとめるセル「東京都」「神奈川県」が
追加されたことで情報が見やすくなる

第**4**章　情報を視覚化して伝える　表とグラフのルール

暗黙のワザ

29

先頭行と列のサイズを変更して内容部分を目立たせる

―― 4.1 表をマスターしよう ――

ワザレベル1
☺ ☺ ☺

どのセルもサイズが同じでメリハリがなく、読みづらい

Bad° \ / Good!

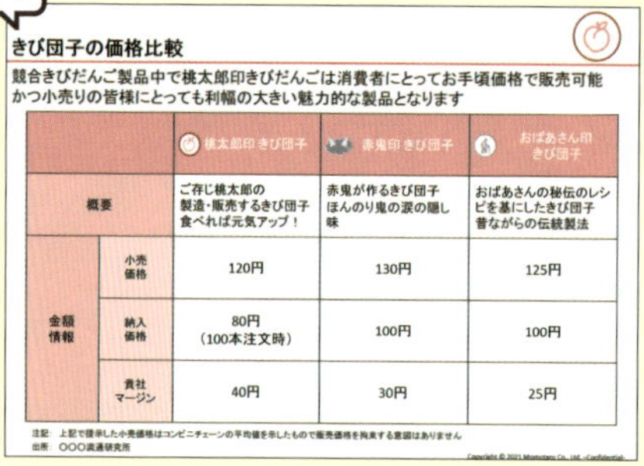

すべてのセルの高さと幅が均等なため、テキスト量が多いメインのセルが読みづらくなってしまっている

メインの情報が目立つように各セル幅を変更

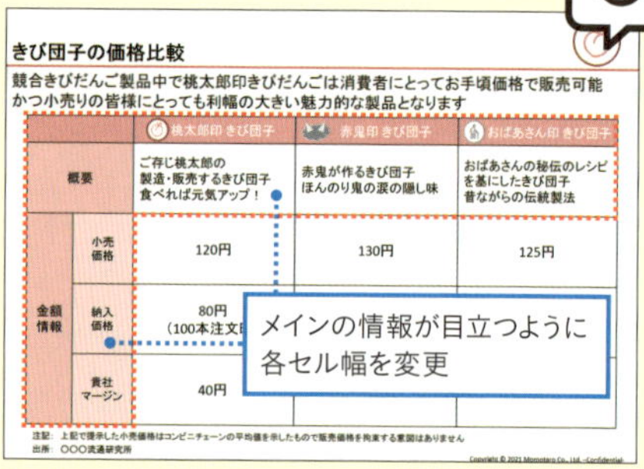

表のテキスト量に合わせて、セルの高さと幅を変更している

先頭行と先頭列は狭くするのが鉄則

表は比較対象と比較項目が入る先頭行・先頭列のセルと内容が入るセルの2つの要素から構成されています。
読み手に最も伝えたい情報が入るのが内容セルです。
表を作成するときは先頭行と先頭列を狭くして、内容セルが読みやすいようにスペースを確保しましょう。

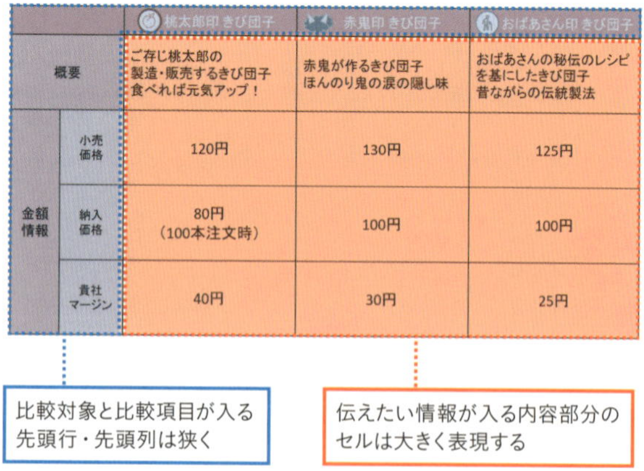

比較対象と比較項目が入る先頭行・先頭列は狭く

伝えたい情報が入る内容部分のセルは大きく表現する

142

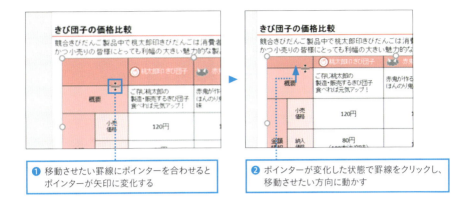

① 移動させたい罫線にポインターを合わせるとポインターが矢印に変化する

② ポインターが変化した状態で罫線をクリックし、移動させたい方向に動かす

内容部分のセルの高さと幅は均等に揃える

先頭行と先頭列の幅と高さを変更しているうちに、内容部分のセルの大きさがバラバラになってしまうことがあります。セルのテキスト量に大きな差がある場合を除き、内容部分のセルの高さと幅は均等にしましょう。

「高さを揃える」「幅を揃える」機能を使用することで、表をきれいに整えることができます。

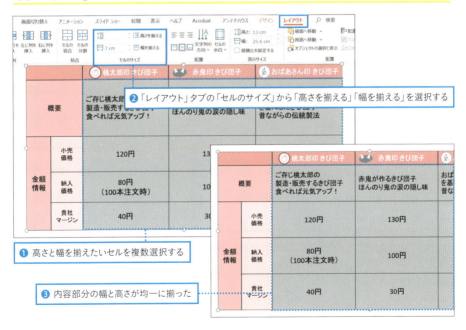

① 高さと幅を揃えたいセルを複数選択する

② 「レイアウト」タブの「セルのサイズ」から「高さを揃える」「幅を揃える」を選択する

③ 内容部分の幅と高さが均一に揃った

暗黙のワザ **30**

―― 4.1 表をマスターしよう ――

表の強調は
枠線の変更で表現する

ワザレベル2
☺ ☺ ☺

自社の製品が表の中で埋もれてしまう…
もっと目立たせたい！

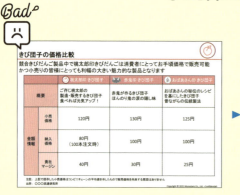

強調表現がないので、どこを見たらよいのかわからない

文字強調と枠線強調によって見るべき場所が明確になっている

▍重要な情報は強調表現を利用する

表は情報を整理するためには非常に有効な手段ですが、そのままではどの部分に注目してほしいのか、読み手には伝わりません。どの部分が伝えたい内容であるかを読み手に理解してもらうために強調表現を追加しましょう。第3章の図解で強調表現を紹介したように（P.128）、表にも強調表現があります。表の中で利用できる強調表現は、文字の強調と枠線の強調の2種類です。

表に強調表現を追加する

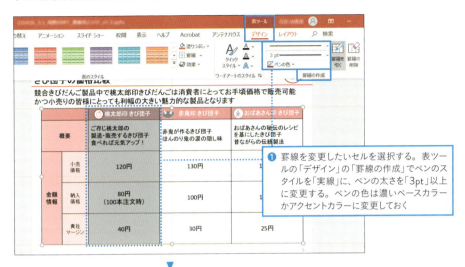

❶ 罫線を変更したいセルを選択する。表ツールの「デザイン」の「罫線の作成」でペンのスタイルを「実線」に、ペンの太さを「3pt」以上に変更する。ペンの色は濃いベースカラーかアクセントカラーに変更しておく

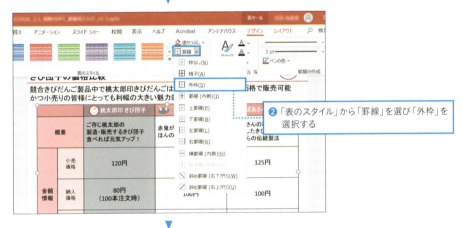

❷ 「表のスタイル」から「罫線」を選び「外枠」を選択する

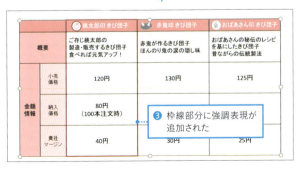

❸ 枠線部分に強調表現が追加された

> さらに表内で強調したいテキストは、「太字」+「ベースカラー」もしくは「アクセントカラー」で加工すると、読み手に見せたい情報が一目で伝わります。

Column

ペン型ポインターは利用しない

セルの枠線にあたる罫線は「テーブルデザイン」タブの「罫線の作成」から「罫線を引く」を選択すると、ポインターがペン型に変更され、より直感的に罫線を変更することができます。しかしペン型ポインターによる罫線の変更は、罫線が表の枠からずれてしまったりして、何度も調整が必要になるためおすすめできません。作業を効率的に終わらせるためには、P.145のように「罫線」から「外枠」を選んで変更する方法を使用しましょう。

Column

表の左上のセルはどう処理するのが正解？

表の左上のセルは、先頭行と先頭列が重なり入れる情報がないことが一般的です。情報が入らないセルを残しておく必要はないので、セルの色と枠線を透明にして消してしまいましょう。

情報が入らない左上のセルは消してOK

暗黙のワザ
31

―― 4.1 表をマスターしよう ――

評価を追加して伝わる表を作る

ワザレベル3
☺☺☺

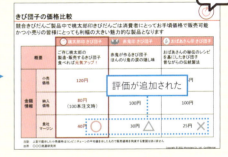

どの商品が優れているか一目で伝わる表を作りたい

Bad:
どの商品がおすすめなのか、内容を読み込まないと伝わらない

Good!
直感的にどの商品が優れているかわかる

▌評価を入れて、より直感的にわかる資料を作る

読み手が意思決定できる「相手を動かす」資料に仕上げるためには、作り手の意図が一目でわかる工夫を入れることが大切です。評価を入れることで表内のテキストをじっくり読まなくても読み手が概要を理解できるようになります。

第4章 情報を視覚化して伝える 表とグラフのルール

評価の〇△×を入れる

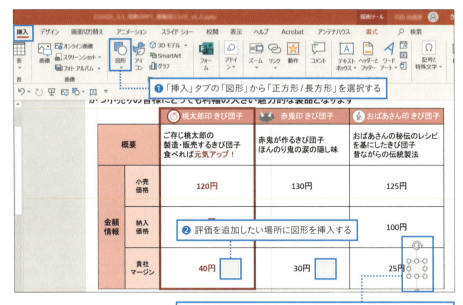

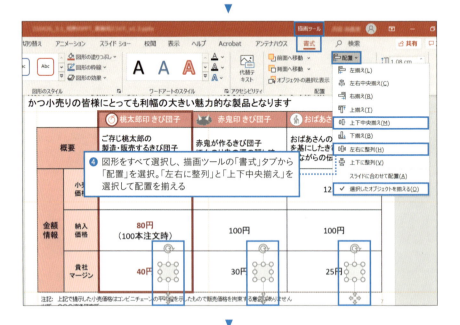

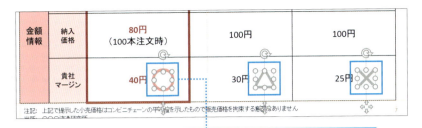

❹ 各図形に文字（○/△/×など）を入力して評価を入れる

❺ 図形をすべて選択して右クリックから「塗りつぶしなし」「枠線なし」に変更。「最背面へ移動」を選択する

　評価の○△×は文字入力することで、サイズの統一が手早くできます。ここでは評価の書式を「MS Pゴシック」「54pt」「太字」に設定しました。図形を1つ選択して書式設定したのち［Ctrl］+［Shift］+［C］で書式コピーして、残りの2つの図形に書式をペースト［Ctrl］+［Shift］+［V］すると時短できます。

　評価の○△×にもベースカラーやアクセントカラーを適用して視覚的に差別化するとよいでしょう。今回は○に濃いベースカラーを適用しています。

評価の種類

評価に使える記号は「○△×」だけではありません。「○△×」を利用した評価はややカジュアルに見えてしまうため、「高低」や「大小」なども資料に合わせて使い分けましょう。またプロジェクトの進捗管理やステータスを表示する場合は、晴れや雨などの天気図、赤や青などの信号機を利用することもできます。

		例		
	○×	×	△	○
種類	高低	低	中	高
	大小	小	中	大
	数字	1	2	3

—— 4.2 グラフをマスターしよう ——

解説

データを一瞬で相手に伝える
伝わるグラフ

**グラフの表現はデータの大まかな傾向を一瞬で把握することに適しています。
伝わるグラフを作るためのルールを理解しましょう。**

グラフを使ってデータをビジュアル化する

説得力のあるスライドメッセージを作るためには、「比較」の表現が重要になります。例えば「新宿支店の売上はかなり高い」と言うより、「新宿支店の売上は全国平均に比べて2倍以上高い」と、比較するほうがより伝わりやすくなります。

数字を扱うデータをスライド上で表現するときは、グラフを利用しましょう。人は一度に多くの数値を理解することが得意ではありません。グラフを利用することで、読み手はデータを簡単に読み解くことができます。

データに適切なグラフの選び方や見せ方を理解することが、一人歩きする資料を作る近道です。

グラフ化のメリット

グラフ以外でデータを表現できる方法に表があります。ただし表を使用したデータ表現では、データの最大値や傾向などを一瞬で理解することはできません。一方、グラフを使うとデータの概要を一目見ただけで把握することができます。「データの概要をすぐに相手に伝えられること」が、グラフを使用することのメリットなのです。

表を利用したデータ表現

	2011年	2012年	2013年	2014年	2015年	2016年	2017年	2018年	2019年	2020年
桃太郎株式会社売上高（億円）	2.0	2.4	3.0	4.0	4.1	5.9	6.3	6.5	7.1	7.8

表は順番にデータを比較しないと傾向が把握できない

グラフを利用したデータ表現

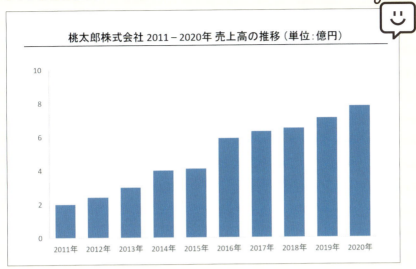

同じデータでもグラフを使うことで、一瞬で傾向がわかるようになる

Column

グラフ化のデメリット

グラフにも不得意なことがあります。それは詳細の表現です。例えば上図のグラフにおいて2014年と2015年売上高を比較したとき、グラフを見てどちらの数字が大きいかを判断するのは難しいでしょう。一方で表を見ると、2014年と2015年の売上高の差異を数字で把握することができます。このように、グラフはデータの表現方法として非常にわかりやすい手段ですが、特定の場面においては数値データを並べた表の方がわかりやすいこともあります。グラフのメリットとデメリットを認識したうえで目的にあった表現を選びましょう。

暗黙のワザ **32**

――― 4.2 グラフをマスターしよう ―――

データの比較に最適 棒グラフ

ワザレベル1
😊 🙂 🙂

項目や時系列を比較する棒グラフ

棒グラフは「項目比較」と「時系列比較」に向いています。
「項目比較」とは、同じ時間や期間における別々の項目を比較することです。例えば、以下のような「商品のカロリー」や「3社の売上高」などを比べる場合に適しています。
「時系列比較」とは、同じ項目を時系列ごとに変化を見て比較することです。P.151の「桃太郎株式会社の売上高推移」など、時間の流れでデータが変化している状態を表すことができます。

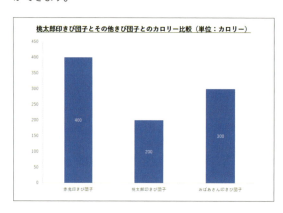

棒グラフの作り方

それでは、実際に棒グラフを作ってみましょう。棒グラフは以下のステップで作成していきます。

❶「挿入」タブの「図」グループから「グラフ」を選択する

▼

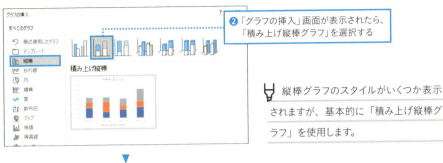

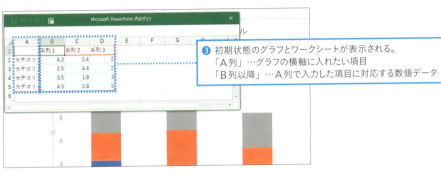

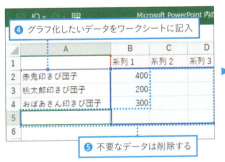
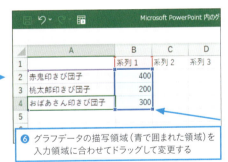

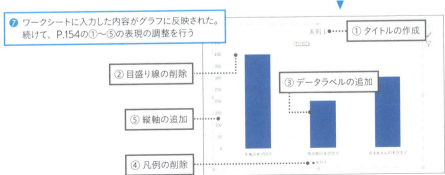

グラフの表現を調整する

出来上がったグラフに対してひと手間を加えることで、よりわかりやすいグラフを作ることができます。

① タイトルの作成

初期のタイトルはテキストホルダーごと削除して、図形を挿入して新しいタイトルを作成します。図形でタイトルを入れることで、位置やサイズを自由に変更することができます。<u>タイトルのあとには、そのグラフで使用する単位も入れましょう。</u>

② 目盛り線の削除

グラフをシンプルで見やすくするために、目盛り線を削除します。

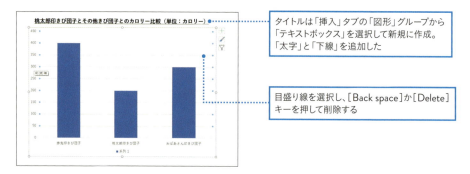

タイトルは「挿入」タブの「図形」グループから「テキストボックス」を選択して新規に作成。「太字」と「下線」を追加した

目盛り線を選択し、[Back space]か[Delete]キーを押して削除する

③ データラベルの追加

定量情報を表示するデータラベルを追加しましょう。

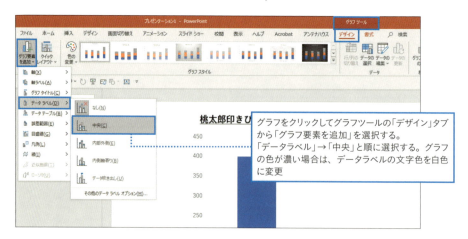

グラフをクリックしてグラフツールの「デザイン」タブから「グラフ要素を追加」を選択する。
「データラベル」→「中央」と順に選択する。グラフの色が濃い場合は、データラベルの文字色を白色に変更

④ 凡例の削除

不要な凡例は［Back space］キーか［Delete］キーで削除しましょう。

> グラフを説明するために必要な情報は、すべてグラフタイトルに記載するとスッキリとしたグラフが出来上がります。

⑤ 縦軸の追加

グラフが読み取りやすくなるように縦軸を変更しましょう。

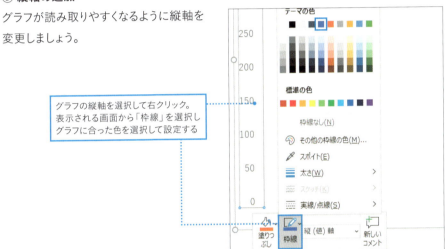

5つのポイントを変更すると以下のグラフが完成します。

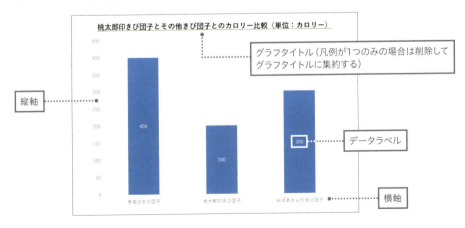

> グラフを作成するときは、スライドの左下に元データの出所も忘れずに入れましょう。

—— 4.2 グラフをマスターしよう ——

暗黙のワザ 33

構成比が一目瞭然 円グラフ

ワザレベル1
☺ ☺ ☺

円グラフは構成要素を比較できる

円グラフは「企業の売上データの中の商品別内訳」など全体を100%とした場合に、全体を構成する各要素がどの程度占めているかを示す「構成要素比較」に向いています。

💡 円グラフは項目数が多くなると見づらくなる特徴があります。項目数は最大5つまでに収まるようにしましょう。項目数が多い場合は比率の少ない項目を「その他」としてまとめてしまうとよいでしょう。

円グラフの作り方

基本的に「グラフの挿入」パート以外は、縦棒グラフで説明した内容とほぼ同じです。

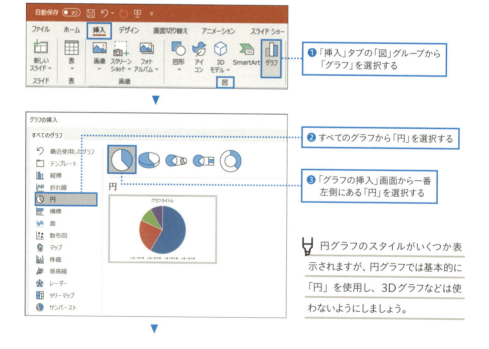

❶「挿入」タブの「図」グループから「グラフ」を選択する

❷ すべてのグラフから「円」を選択する

❸「グラフの挿入」画面から一番左側にある「円」を選択する

💡 円グラフのスタイルがいくつか表示されますが、円グラフでは基本的に「円」を使用し、3Dグラフなどは使わないようにしましょう。

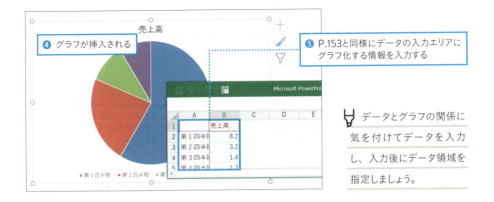

グラフの表現を調整する

縦棒グラフと同様、出来上がったグラフに対してひと手間加えることで、よりわかりやすいグラフを作ることができます。

① タイトルの作成

初期のタイトルはテキストホルダーごと削除して、図形を挿入して新しいタイトルを作成します。図形でタイトルを入れることで、位置やサイズを自由に変更することができます。タイトルのあとには、そのグラフで使用する単位も入れましょう。

② データラベルの追加

定量情報を表示するデータラベルを追加しましょう。

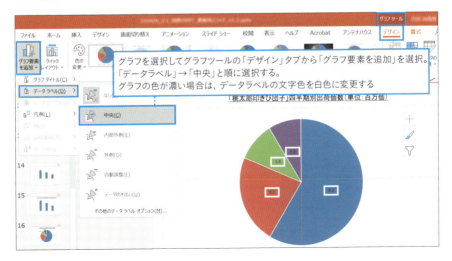

③ 凡例の作成

最初から入っている凡例は削除して「図形挿入」で新しく凡例を作り直します。

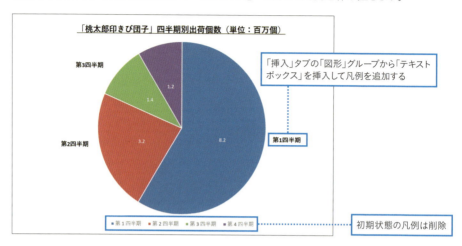

調整したグラフは下記のようになります。なおデータラベルは具体的数値で示すだけでなく、下記の図のように合計が100%となるような構成比を追加して表すとわかりやすいです。

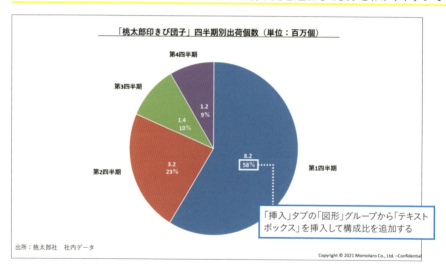

グラフの見やすさを向上させるため、構成比の表示形式は具体的数値に合わせ、数値の近くに配置しましょう。

Column

凡例を作り直すのはなぜ？

P.158の円グラフでは、デフォルトで入っている凡例を削除し新たに作成し直しています。円グラフに限らず、凡例はテキストボックスで新しく追加しましょう（P.155の棒グラフでは凡例が1つのため、グラフタイトルに集約しましたが、複数ある場合は同じように作り直します）。

新たに作り直す理由は、初期状態の凡例がグラフと離れていて、グラフの要素がどのデータを示しているのか、一目で判別することが難しいからです。

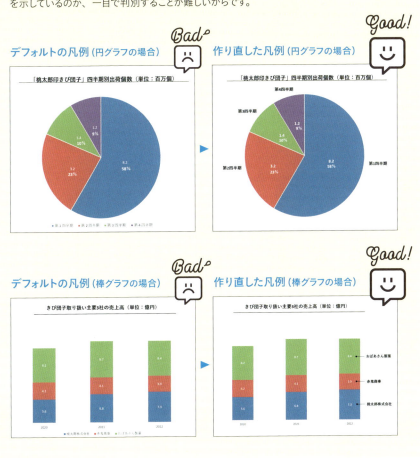

―― 4.2 グラフをマスターしよう ――

解説

データを並べ替えて意図を伝える

グラフの並び順を工夫することで、
圧倒的にわかりやすいグラフを作ることができます。

見やすいグラフは降順と時系列順が基本

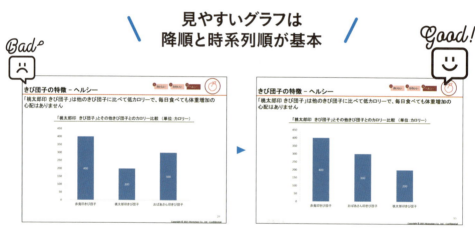

Bad: データの並べ方に規則性がなく、わかりづらい

Good!: データを降順で並べ替えた

データの並び順は意図をもって並べ替える

作成したグラフをそのまま使用していませんか？　せっかくのグラフもデータの並び順が適当だと、作り手の意図を読み取るのに時間がかかってしまいます。相手に内容をわかりやすく伝えるため、データは意味のある順番に並べ替えましょう。

データの並び順でよく利用されている順番は、「降順」と「時系列順」です。数値の大きいものから小さいものに並べ替える降順は、項目比較のグラフで使用します。またデータを時間の流れにそって過去から現在へ並べ替える時系列順は、時系列比較のグラフで使用します。

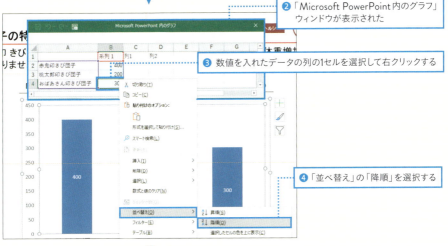

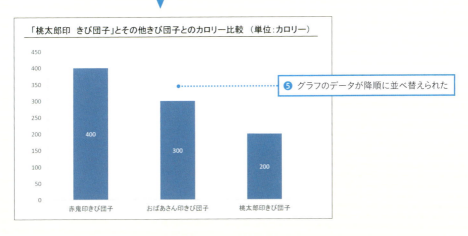

注目してもらいたいデータは先頭に移動

単にデータの比較を行う場合は、「降順」での並び替えでよいのですが、特定のデータに注目して欲しい場合はそのデータを先頭に移動しましょう。一般的にスライド資料を読むとき、読み手の視線は左上から右下へ移動します（P.186参照）。視線の移動とデータの位置を合わせると、読み手にスムーズに情報が伝わるため、グラフの中で注目してもらいたいデータは左側に配置するのが鉄則です。項目比較の縦棒グラフの場合、資料で紹介している商品やサービスを左側に配置します。

例えば、他社商品と自社商品の比較であれば自社のデータを先頭にすることで、自社とその他の会社の比較であることが際立ちます。相手に伝えたい情報を正確に理解してもらうためにも、グラフの並び順には注意しましょう。

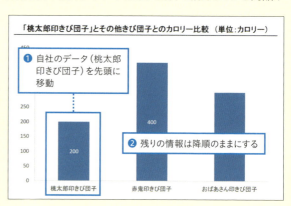

Column

降順や時系列順以外の並び順は？

ビジネス資料では「降順」と「時系列順」が多く使用されますが、この2つの他にもデータを小さいものから大きいものに並べる「昇順」や、データを名前の順番に並べる「五十音順」など、さまざまな並び順が存在します。その他にも、都道府県などの比較に利用される地理データの北から南に並べ替える方法などもありますので、用途に合わせて検討してみましょう。

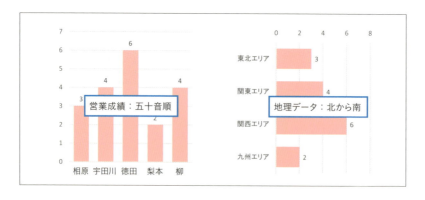

暗黙のワザ **34**

——— 4.2 グラフをマスターしよう ———

グラフは**ベースカラー**に合わせて変更する

ワザレベル2

> グラフの初期色が資料の色と合わずちぐはぐ！
> 色を変更して統一感を出したい

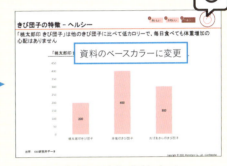

初期状態のグラフの色が資料のベースカラーと異なると資料全体の統一感に欠ける

全体の統一感が出て見やすい資料になった

ベースカラーに合わせてグラフの色を変更する

意外と忘れがちなのがグラフの色の変更です。せっかく社内の共通テンプレートを作成していても、グラフの色がちぐはぐだとデザインの統一性が損なわれてしまい、読み手に誤った印象を与える資料となってしまう危険性があります。グラフの色もスライドデザインのベースカラーに合わせて変更しましょう。

P.026で説明した通り、スライドマスター上で「テーマの新しい配色パターン」を設定している場合はグラフ作成時に自動で「アクセント1」「アクセント2」「アクセント3」他に設定した色が反映されます。1つ1つを設定し直すより格段に時短につながるので、あらかじめ設定しておくのがおすすめです。

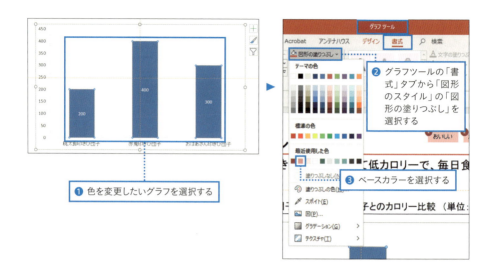

特定のデータのみ変更したいときはグラフの要素をダブルクリック

グラフをクリックする回数により変更する対象の範囲が変わります。クリック1回ですべてのグラフ要素、クリック2回で選択しているグラフの要素のみが選択されます。

グラフが選択されると四隅に水色の丸が表示されるので、色を変更したいグラフの要素がきちんと選択されていることを確認した上で色を変えましょう。

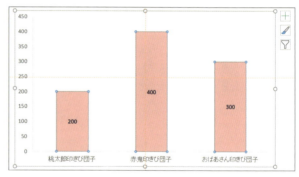

1回クリックでグラフ全体の要素が選択される

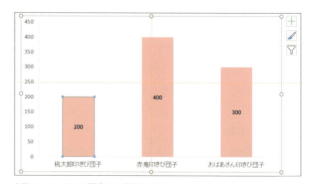

2回クリックで1つの要素のみ選択される

暗黙のワザ **35**

―― 4.2 グラフをマスターしよう ――

メッセージに合わせて強調を忘れずに

ワザレベル2

強調表現を追加して
メッセージが伝わるグラフを作る

Bad

強調表現のないグラフは何を伝えたいのかわからない

Good!

読み手に伝えたいデータが可視化された

グラフで使う強調表現は色の変更と矢印の2種類

上のスライドは、どちらもスライドメッセージをグラフで表現したものをボディ内で示しています。しかし、Badの図のようにただグラフを配置しただけでは、スライドメッセージの内容を反映しているとは言えません。スライドメッセージの内容を表現できるよう、内容に合わせてグラフに強調表現を追加しましょう。

グラフの強調表現には、用途に合わせて「色の変更」と「矢印の追加」を選択します。

グラフの強調表現① 色の変更

グラフの中で自社の数字のみを際立たせたい場合など、一部のデータを強調する方法です。グラフの強調したい要素の色を変更することで、視線を誘導することができます。P.164の「特定のデータのみ変更したいとき」を参考に、目立たせたいグラフの要素のみアクセントカラーなどを適用しましょう。

スライドメッセージの「『桃太郎印 きび団子』は他のきび団子に比べて低カロリーで、毎日食べても体重増加の心配はありません」を、自社のデータを強調することで表現している

Column

複数の要素を強調したいときは？

複数のグラフ要素を強調したいときは、グラフにアクセントカラーの背景を追加することで強調できます。

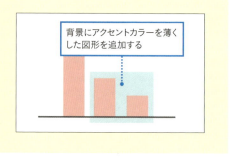

背景にアクセントカラーを薄くした図形を追加する

グラフの強調表現② 矢印の追加

時系列グラフで数値の傾向を強調したいときは矢印を追加します。売上が増加・減少傾向である場合などに使用しましょう。

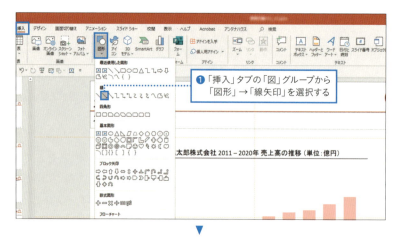

❶「挿入」タブの「図」グループから「図形」→「線矢印」を選択する

166

Column

グラフに補足情報を追加したいときは?

補足情報を追加することで、よりわかりやすいグラフが出来上がります。例えば、売上高の推移では1年間で大幅な増加がみられると、読み手は疑問に感じてしまいます。実際には「新製品の発表で話題になった」などの理由があったとしても、その事実を知らない読み手はグラフだけでは事情がわかりません。

そのような疑問を残さないように、グラフの該当箇所に図形を挿入して、補足情報を入れるようにしましょう。

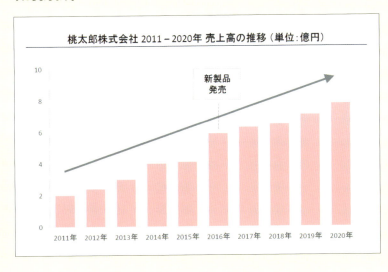

円グラフもルールは同じ

ここでは「データの並び順」「配色」「強調」の説明に縦棒グラフを使用して説明してきましたが、それぞれのルールは円グラフでも同じように適用できます。

データの並び順は棒グラフと同様、重要な情報が読み手の目に最初に入るよう上側に配置します。また、時系列などデータの並びに意味合いを持たせる場合には12時の位置を起点に時計回りに配置します。

配色も棒グラフと同様にベースカラーを使用し、目立たせたい要素にのみ濃いベースカラーやアクセントカラーなどを適用しましょう。

—— 4.3 効果的な画像の使い方をマスターしよう ——

解説

画像は直感で伝わる 資料の強い味方

文字が多くなりがちな資料作成の中で、
ビジュアルで読み手に伝えることができる画像は欠かせない要素です。
画像を活用して資料をよりわかりやすい内容にしましょう。

情報をビジュアル化する

資料作成では、あれもこれもと内容を盛り込んでしまい、文章量が多くなってしまいがちです。箇条書きや表などを使って情報を整理することも大切ですが、画像を使って視覚的に内容を伝えることも情報整理には欠かせない手段です。

特にビジネスで作成する提案資料では、読み手にイメージを伝えることが重要となります。「百聞は一見に如かず」ということわざがあるように、提案している製品の写真やサービスの利用イメージなど、画像を挿入することで、より伝わりやすいビジネス資料を作ることができます。

製品やサービスの画像は積極的に使って、ビジュアルで表現しましょう。

3つの画像使用パターン

ビジネス資料で画像を使う場合には大きく3つのパターンがあります。

1つ目は文章量を減らしたいときです。文章で長々と説明するより適切な画像が1枚貼ってあるほうが、情報が伝わりやすくなります。

2つ目は画像で文章を補完したいときです。文字だけでは伝わりづらい内容を説明するとき、イメージが伝わる画像が入っていることで読み手の理解度がぐっと深まります。

そして3つ目は、資料の内容を読み手の印象に強く残したいときです。小説の挿絵のように、ビジネス資料においても随所に画像を挿入することで、資料の情報をイメージとして相手の記憶に残すことができます。

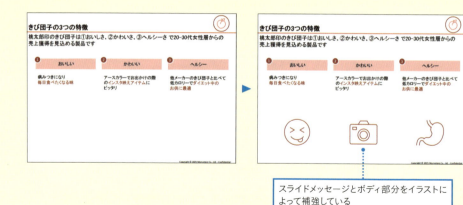

写真とイラストの違い

ビジネス資料において挿入できる画像は写真だけではありません。多くのビジネス資料でイラストやシルエット画像などが使われています。イラストやシルエットは、写真に比べると情報がやや抽象的になるため情報量が少なく、読み手の想像力が必要になります。逆に情報量が少ないため、大きく表示する必要がなく、スペースを必要としません。作成する資料に合わせて使い分けましょう。

	写真	イラスト・シルエット
特徴	具体的	抽象的
情報量	多い	少ない
配置サイズ	大きい	小さい
使い方	スライドのメインとして使用	スライド内文章の補足として使用

暗黙のワザ 36

―― 4.3 効果的な画像の使い方をマスターしよう ――

画像の拡大・縮小は縦横の比率に気を付ける

ワザレベル1

大きすぎる画像を縮小したら画像がゆがんでしまった！

Bad

画像の拡大・縮小によって縦横比が崩れてしまった

Good!

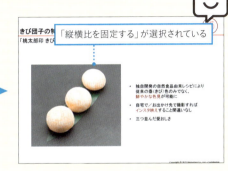

正しい比率を維持したまま適切に画像が縮小された

画像の拡大と縮小は「縦横比を固定する」にチェックを入れる

「挿入」タブの「画像」から画像ファイルを挿入した後、サイズを変更するために画像の端をクリックしてマウスを動かしていくと、縦横比を保持しない状態でサイズが変わるため、画像が変形してしまいます。画像を拡大・縮小するときは、必ず「縦横比を固定する」機能を使用しましょう。

❶ 画像を選択して右クリック。「図の書式設定」を選択する

❷ 右に表示された「図の書式設定」から「サイズとプロパティ」を選択する

❸ 「サイズ」内の「縦横比を固定する」にチェックを入れる

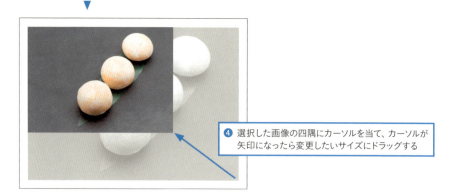

❹ 選択した画像の四隅にカーソルを当て、カーソルが矢印になったら変更したいサイズにドラッグする

［Shift］キーで縦横比を固定できる

［Shift］を押しながらサイズを変更すると、上記の設定をしなくても縦横比を固定したまま画像の拡大・縮小が可能です。

暗黙のワザ
37

――― 4.3 効果的な画像の使い方をマスターしよう ―――

トリミングして画像を
スライドサイズに合わせる

ワザレベル2

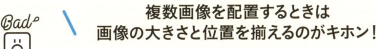

複数画像を配置するときは
画像の大きさと位置を揃えるのがキホン！

画像サイズが揃っていないため、大きい画像に注目してしまう。画像サイズは統一させよう

画像サイズは揃ったが、被写体の位置がバラバラで視点が定まらない

▍画像はそのまま使わずサイズと構図を揃える

複数の画像を利用する際は、必ずトリミングをして画像のサイズと構図を揃えましょう。画像のサイズが写真によって異なっていたり、被写体の位置が左右バラバラだったりすると、読み手の理解を意図せぬ形で阻害してしまう危険性があります。

画像をトリミングする

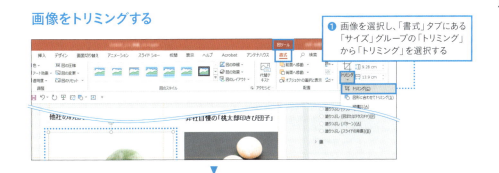

❶ 画像を選択し、「書式」タブにある「サイズ」グループの「トリミング」から「トリミング」を選択する

第4章 情報を視覚化して伝える 表とグラフのルール

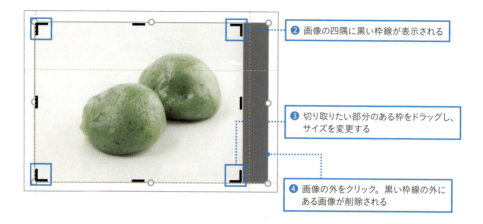

トリミング部分の削除でファイルサイズを小さく保つ

トリミング機能で加工した画像は、スライド上では画像が切り取られた状態に見えますが、実際には削除した部分のデータも保持しています。加工することでファイルサイズが大きくなってしまう欠点があるため、加工が完了した後はトリミング部分を完全に削除して、ファイルサイズを小さくしましょう。

元画像を保持しているため、何度でもトリミングし直せるというメリットもあります。

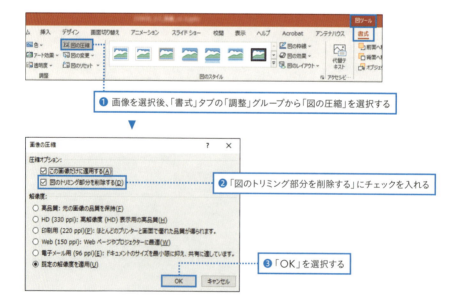

暗黙のワザ 38

――4.3 効果的な画像の使い方をマスターしよう――

図のスタイルの利用はほどほどに

ワザレベル2

格好よさを重視して加工した画像、商品が見づらいとクレームを受けてしまった

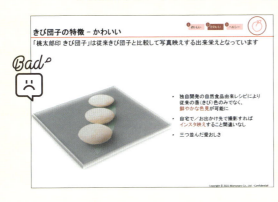

Bad😞

図のスタイルを使って画像に様々な効果をつけた結果、イメージが伝わりにくくなってしまった

図のスタイルは基本的に変更しない

画像を選択した状態で「図ツール」の「書式」タブから「図のスタイル」を選択すると、画像に様々な効果をつけることができます。初心者のうちは、これらの機能を試してみたくなるものですが、画像に効果をつければつけるほど読み手の目が「効果」そのものに向いてしまい肝心の資料に意識が向かない状態になってしまいます。ビジネス資料における鉄則は、「シンプルに伝える」ことです。デザイン性ばかりを気にして「図のスタイル」を多用するのはやめましょう。

ビジネスでも利用できる2つの効果

図のスタイルは基本的に使用しませんと説明しましたが、ビジネスシーンでも画像に効果をつけたほうがよい場合があります。それはスライド上で画像が見づらくなってしまい、作り手が意図したように資料を読み解けないときです。例えば背景が白いスライドに、白い背

景の画像を挿入すると、スライドと画像の境目がわからなくなってしまうことがあります。このようなときは「図のスタイル」を利用して画像を見やすくしてあげましょう。

具体的にビジネスシーンで利用する画像効果は、①図の枠線と②影の2点のみです。どちらも画像の周囲に枠線や影をつけることにより、スライドと画像の境界を際立たせる効果があります。

画像に枠線をつける

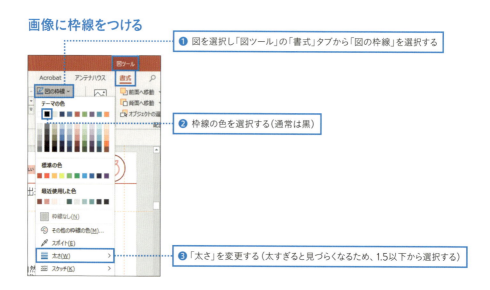

画像に影をつける

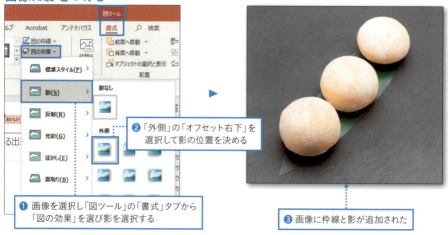

暗黙のワザ **39**

――4.3 効果的な画像の使い方をマスターしよう――

ピクトグラムで資料は より直感的になる

ワザレベル2
☺ ☺ ☺

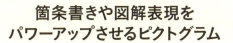

箇条書きや図解表現を
パワーアップさせるピクトグラム

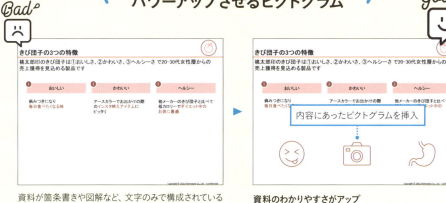

資料が箇条書きや図解など、文字のみで構成されている　　資料のわかりやすさがアップ

■ ピクトグラムを利用すると資料に統一感が出る

資料に挿入できる画像として欠かせない存在がピクトグラムです。ピクトグラムとは様々な概念や状況を単色のシンプルな図形で表現したイラストの一種で、わかりやすい資料を作る上で非常に役に立ちます。

例えば右図を見てみましょう。左右どちらも表彰台を示したイラストです。左のイラストは「スポーツで競い合った男性」が明確に表現されている一方、右のピクトグラムでは性別はもちろん、何について競い合っているのかもわかりません。

第4章 情報を視覚化して伝える 表とグラフのルール

177

このように、ピクトグラムはイラストに比べて抽象度が高いため、以下のメリットがあります。

1. 画像同士の統一感が出る
2. デザインの邪魔にならない
3. フォーマルな資料にも利用できる

複数のイラストをスライド全体に入れるのであれば、イラストのタッチを統一する必要がありますが、ピクトグラムならその必要がありません。また、タッチによってはややカジュアルに見えてしまうイラストは、ビジネス資料に向かない場合もありますが、ピクトグラムであればフォーマルな資料でも気にせず利用することができます。

> ピクトグラムの色をメインカラーやアクセントカラーに変更することで、資料のデザイン性も損なうことがありません（P.183）。

ピクトグラム素材の探し方

以前はインターネットを利用してピクトグラム素材を探すことが主流でしたが、最近はPowerPoint内でもピクトグラム素材の検索が可能になりました。「挿入」タブの「図」から「アイコン」を選ぶことでピクトグラムの検索画面が開きます。

Column

ピクトグラムの配布サイト

ピクトグラムを無料で提供しているサイトがあります。どのサイトも資料作成に役立つためブックマークしておきましょう（これらのサイトのピクトグラムを使用する際は、必ず利用規約を確認しましょう）。

・ICOOON MONO
https://icooon-mono.com/
6,000種類以上のピクトグラムが指定した色でダウンロードできます。

・SILHOUETTE ILLUST
https://www.silhouette-illust.com/
10,000種類のピクトグラムが揃っています。

・ヒューマンピクトグラム2.0
http://pictogram2.com/
ピクトグラムの中でも人の動作に限った専門サイトです。

Column

ピクトグラムは日本が広めた?

2020年東京オリンピック競技大会の開会式でピクトグラムが取り上げられ、話題になったのは記憶に新しいですが、ピクトグラムが世界的に利用されるようになるきっかけは、実は日本が大きく関わっています。1964年の東京オリンピック開催時、当時の日本には外国人とのコミュニケーションをどのように行うかという課題が存在していました。そこで言葉が通じなくてもコミュニケーションできるツールとして採用されたのがピクトグラムです。ピクトグラムはそれ以降欠かせないものとして、世界中のオリンピックで利用されています。

暗黙のワザ 40

――4.3 効果的な画像の使い方をマスターしよう――

「透明色を指定」で画像の背景を透過する

ワザレベル3
☺☺☺

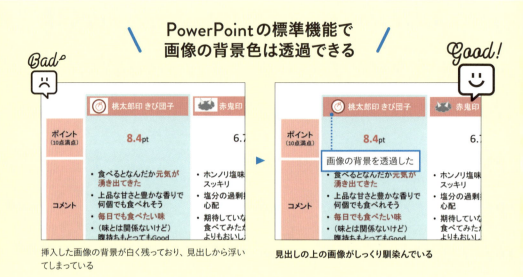

透明色を指定して背景色を削除しよう

資料の中で画像の背景が削除できていないため他の要素から浮いてしまっている現象を、よく見かけます。

資料の背景色が白で、画像の背景も白い場合であれば画像を「最背面へ移動」してごまかすこともできますが、色付きの見出しの上などに画像を使用したい場合、そうはいきません。「透明色を指定」を利用して自然な画像表現ができるようになりましょう。

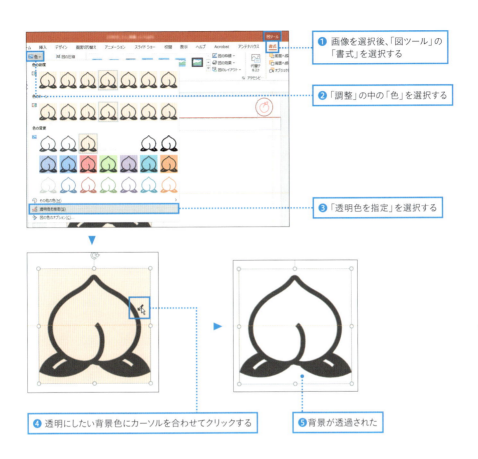

写真の背景は「背景の削除」で可能

透明色の指定は背景が単色であることを基本条件としているため、背景が単色ではないイラストや写真の場合うまく透過することができません。その場合は「背景の削除」を選択します。

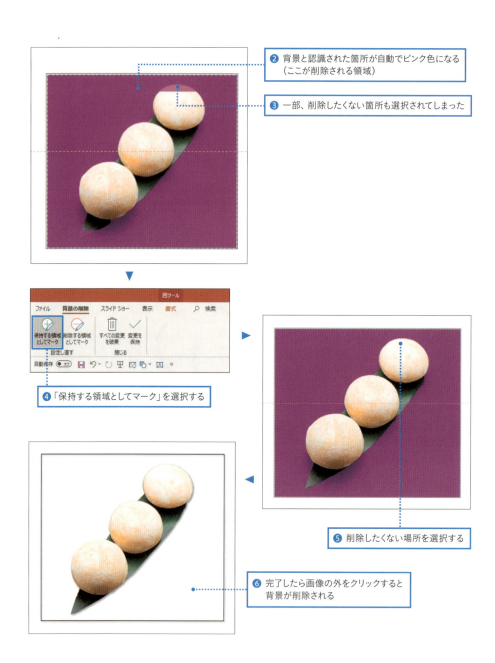

❷ 背景と認識された箇所が自動でピンク色になる（ここが削除される領域）

❸ 一部、削除したくない箇所も選択されてしまった

❹「保持する領域としてマーク」を選択する

❺ 削除したくない場所を選択する

❻ 完了したら画像の外をクリックすると背景が削除される

「保持する領域としてマーク」と「削除する領域としてマーク」を交互に使用しながら、ペンツールの要領でクリックしたり、塗りつぶすことで調整します。PowerPointの表示倍率を「400%」に拡大しながら行うと、微調整が楽になります。

暗黙のワザ **41**

――― 4.3 効果的な画像の使い方をマスターしよう ―――

ピクトグラムの色は
ベースカラーに変更する

ワザレベル2

せっかく選んだピクトグラム
色が合わなくて使いづらい…

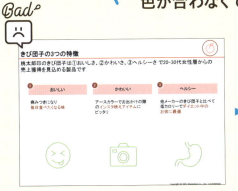

挿入したピクトグラムの色が資料に合わず、浮いている

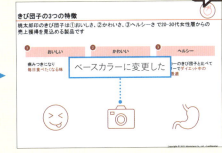

ピクトグラムが資料の一部として馴染み、一体感がでた

ピクトグラムは色を変更して利用する

ピクトグラムはビジネス資料にとって、内容を読み手にわかりやすく伝える重要な役割を果たしていますが、資料の色と統一されていないと、悪目立ちしてしまい意図したように作用しません。使用する際は必ず色を変更しましょう。

画像の色を変更する

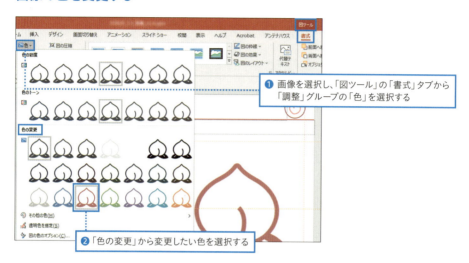

❶ 画像を選択し、「図ツール」の「書式」タブから「調整」グループの「色」を選択する

❷ 「色の変更」から変更したい色を選択する

写真の彩度とトーンを変更する

「調整」の中の「色」を選択すると、「色の変更」の他に「色の彩度」と「色のトーン」という項目があります。この2つは主に写真に対する色の調整に利用する機能です。プロのカメラマンが撮影した写真を使用する場合ではこれらの機能を利用する必要はほぼありませんが、自分で撮影した写真を使用する場合には、ここで画像の色の調整ができることを覚えておきましょう。

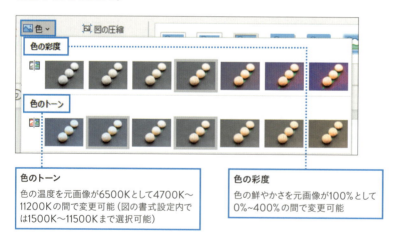

色のトーン
色の温度を元画像が6500Kとして4700K～11200Kの間で変更可能（図の書式設定内では1500K～11500Kまで選択可能）

色の彩度
色の鮮やかさを元画像が100%として0%~400%の間で変更可能

第**5**章

最後まで気を抜かずにチェック！

提出前に要確認！
資料作成 暗黙のルール

資料が完成してほっと一息つくのはまだ早い!?
資料の流れがおかしくないか、
情報に間違いがないか、
提出前にしっかりチェックしましょう。

―― 5.1 資料作成の応用表現 ――

解説

1枚のスライドの中にも流れがある

多くのビジネス資料の場合、文章は横書きで作成されます。
スライド内にある要素の流れを意識することで、読みやすい資料を作ることができます。

▍レイアウトは視線の流れを意識する

横書きの資料を読むとき、視線は左から右、上から下へと移動していきます。この視線の流れを考慮せずに資料を作成すると、読み手の意識がスライドの中を行ったり来たりしてしまい、内容が伝わりづらくなります。資料を作成する際は、視線の流れを意識して要素を配置しましょう。

資料の要素は左から右、上から下に並べて配置しましょう。

▍横長スライドの2つの視線移動パターン

PowerPointで作成される多くの資料は横長スライドです。横長スライドには、読み手の視線移動パターンが2つあります。読み手の視線移動のパターンをしっかり理解することで、重要な要素を適切な位置に配置でき、わかりやすい資料を作成できます。

視線移動：Zの法則

Zの法則とは、読み手の視線が左上から右上、左下から右下に動く視線移動のパターンです。画像や図形など、1スライドの中の要素が多く、資料全体をまんべんなく見る必要があるときに、この視線移動をする傾向があります。Zの動線にある4隅に配置された要素が印象に残りやすいため、最も重要な要素は視線の開始位置である左上に配置し、その他の要素もこのZ字の流れを意識したレイアウトにしましょう。

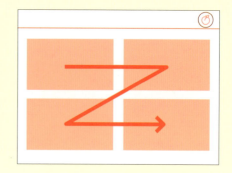

視線移動：グーテンベルク・ダイヤグラム

グーテンベルク・ダイヤグラムとは、視線が左上から右下へと動いていく視線移動のパターンです。斜め読みをするときの視線移動パターンと同じで、スライド上の要素が均等に配置されているとき、この視線移動をする傾向があります。<u>右上と左下にある要素は読み飛ばされてしまうため、重要な要素は左上・中央・右下に配置するようにしましょう。</u>

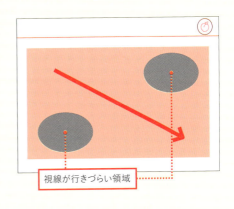

視線の流れに合わないときは矢印を入れる

資料を作成する中で、視線の動きに合わせた配置がどうやってもできないことがあります。その場合には、矢印や三角形などの補助図形を追加して、読み手に読むべき順番や流れを伝えましょう。なお読み手の視線誘導のために入れた補助図形に関しては、伝えたい要素とは異なるため、スライドのテーマカラーではない色（グレーなど）で作成しましょう。

矢印なし

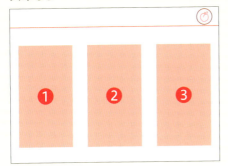

視線移動の通りに左から右へと順に読む

矢印あり

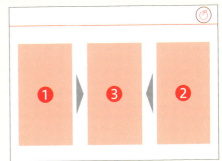

矢印や三角形で視線を誘導することで、左→右→中央の順番で読む

―― 5.1 資料作成の応用表現 ――

解説

スライド分割を活用して
バランスのよい資料作りを

資料作成では1枚のスライドを分割して複数の要素を配置することがあります。
スライド内のレイアウトを意識した配置を心がけましょう。

スライド分割で見やすい資料になる

資料を作成する際には、全体の流れやスライド量のバランスを意識しましょう。商品のメリットを3点説明するとき、1点目と2点目のメリットはスライド1枚ずつで説明したのに、3点目だけスライドが2枚になっていると、バランスが悪くなります。しかし、内容によってはどうしても要素のボリュームが多くなり、同じ枚数で収められない……ということはよくあるものです。そういうときは、1枚のスライドを分割して、複数の要素を配置しましょう。内容を多く盛り込みつつ、流れやバランスを調整できて、読み手のリズムを崩すことのない読みやすい資料に仕上がります。

 スライド分割は複数の要素を説明するときに便利です。

Column

レイアウトのルールは資料全体で統一する

資料のレイアウトは、最初から最後まで同じルールに基づいて作成しましょう。
統一されたルールを用いることで、読みすすめるうちに読み手は自然とそのルールを理解し、資料の中の重要ポイントを把握できるようになります。

分割パターンを決める

基本的な分割のレイアウトは次の3種類です。資料を作成し始める前に分割用のパターンのレイアウトを決めておくとよいでしょう。

2分割
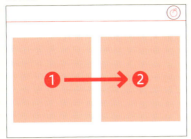

3分割
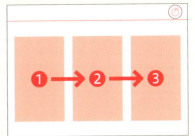

4分割
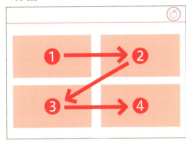

分割で説明の組み合わせが可能になる

スライドを分割すると、スライドのキーメッセージだけではなく、それぞれのパーツを1枚のスライドと見立てることで、パーツごとに主題のメッセージを書くことができます。
パーツ別のメッセージを組み合わせることで複雑な内容を説明することができるので、やや難しい内容を伝えるときには積極的に利用してみましょう。

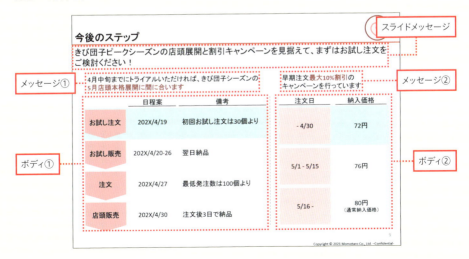

—— **5.2 資料提出前の最終チェック** ——

解説

資料提出前の最終確認で万全を期す

資料は作成して終了ではありません。
相手に提出できる仕上がりになっているか、提出前に内容をしっかり確認しましょう。

提出前の30分は資料の最終確認

資料作成が終わりに近づくにつれて、ついつい細かなポイントにこだわってしまい、最後の最後まで内容修正を続けてしまうことになりがちです。しかしながら、最後までこだわったはずの資料なのに、送付後にミスや統一漏れなどが見つかり、後から修正版を再送するはめになった……なんてことを経験した人もいるのではないでしょうか。資料作成のスケジュールの中に、あらかじめ最低30分は最終チェックの時間を組み込むことを心がけ、ミスを減らしましょう。また細かなミスのチェックは、作成した本人では気付きづらいものです。プロジェクトメンバーや上司など、複数人体制でのチェックを心がけましょう。

深呼吸をして最終チェックに取り組もう！

修正版の再送

修正版を送ることは、相手の手間をとらせて心象を悪くするだけでなく、情報の取り違えがおきてしまうなど、リスクが大きいものです。データの更新などやむを得ない場合を除き、修正版を送る事態にならないよう、提出前の確認はしっかり行いましょう。

7つのチェックポイント

資料の確認をするといっても、何を確認するのか決めておかないと、ただ何となく読むだけになってしまいます。最終チェックに入る前に、あらかじめチェック項目を書き出しておきましょう。また作成者によって、起きやすいミスの傾向が異なります。自分が過去にどんなミスを犯したか振り返り、自分なりのチェックポイントを作成しましょう。

ここでは絶対に確認しておきたい7つのポイントを紹介します。

資料提出前7つのチェックポイント

- ☑ お客様名が間違っていないか
- ☑ 日付が間違っていないか
- ☑ スライドタイトルやメッセージが抜けているスライドはないか
- ☑ スライド番号が抜けていないか
- ☑ 文字のフォントは統一されているか
- ☑ 社内向けコメントが残っていないか
- ☑ 見積もり金額など提案内容が間違っていないか

「スペルチェックと文章校正」を活用する

PowerPointでは誤字脱字や表記ゆれがあった場合に、文字に対して赤や青の下線が出るため、作成途中で気づけるようになっています。しかしそれでも細かなミスはつきものです。提出前には7つのチェックポイントと合わせて、スペルチェックを行いましょう。PowerPointの機能を使用して、より細かくスペルを確認できます。

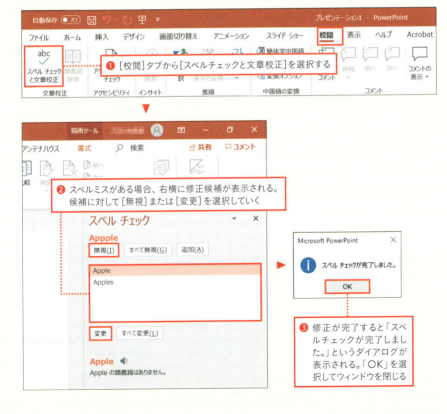

—— **5.2 資料提出前の最終チェック** ——

解説

印刷は
白黒印刷より**グレースケール**

作成した資料はプロジェクターでの使用だけではなく、印刷して相手に渡すことも多くあります。
用途に適した正しい印刷方法を知っておきましょう。

「単純白黒」は利用しない

取引先などへの提出用資料を除き、ビジネス資料は白黒で印刷することが多いのではない
でしょうか。印刷設定内の色の設定では、「カラー」「グレースケール」「単純白黒」が選択
できます。白黒で印刷する場合、「単純白黒」を選択すると色を塗った図形が透明になっ
てしまったり、図形に対して意図しない境界線が印刷されてしまうことがあります。「単純
白黒」ではなく色の濃淡がイメージ通りに表現される「グレースケール」を利用しましょう。

印刷設定にも気を配って

ページ数の多い資料では、1スライドを1ページで印刷すると紙の量が増えてしまうため、社
内で指定がある場合を除き、2スライドを1ページに収めて印刷します。
このとき、「配布資料」>「2スライド」という印刷設定を使ってしまいがちですが、この設
定を使うと資料の余白が多くなってしまい、スライドの文字が小さく印刷されてしまいます。
2スライドを1ページで印刷するときは、必ずプリンターのプロパティから、割付印刷機能
を使用しましょう。

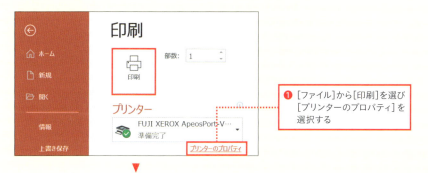

❶ [ファイル]から[印刷]を選び[プリンターのプロパティ]を選択する

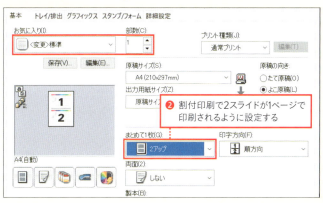

❷ 割付印刷で2スライドが1ページで印刷されるように設定する

> 使用しているプリンターによって、プリンターのプロパティ画面は異なります。お使いのプリンターの設定方法を確認してください。

「配布資料」で設定すると文字が小さくなってしまう

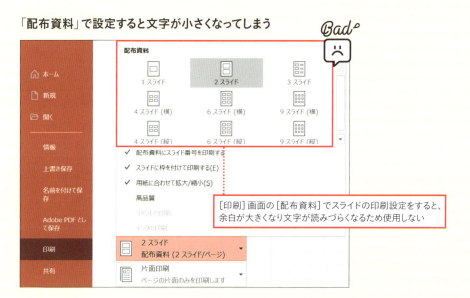

[印刷]画面の[配布資料]でスライドの印刷設定をすると、余白が大きくなり文字が読みづらくなるため使用しない

第5章 提出前に要確認！資料作成 暗黙のルール

暗黙のワザ 42

―― 5.2 資料提出前の最終チェック ――

重要な資料にはパスワードをかける

ワザレベル1

■ パスワード設定で情報漏洩を防ぐ

作成する資料の中には様々な情報が含まれています。特に社外向け資料の場合は、第三者にわたると問題となるケースが多くあります。情報セキュリティ事故につながる個人情報などの重要情報はもちろんですが、見積内の割引額や付帯サービス提供情報なども知られてはまずい情報の1つです。重要情報の漏洩を防ぐために、資料送付の際には必ずパスワード設定を行いましょう。

> パスワードには相手が推測できない複雑な文字列を採用することも大切です。

パスワード生成ツールを活用しよう

相手が推測できないパスワードを設定するためには、パスワード生成ツールなどを活用するのも1つの手です。ウェブで「パスワード生成」などの言葉で検索すると、サービスが出てきます。

Column

パスワードはかければ何でもよい?

技術の進歩により、パスワードの解析に必要な時間はどんどん短くなっています。例えば英小文字4文字のパスワードであれば数秒で解析できてしまい、設定している意味すらありません。重要な情報を含む資料を作成する場合は、記号や数字を含む長い文字列に設定しましょう。なおパスワード設定の一番のポイントは、設定したパスワードを忘れないことです。設定した本人が開けられなくなることのないように注意しましょう。

パスワードを設定する

❶ [ファイル]を選択する

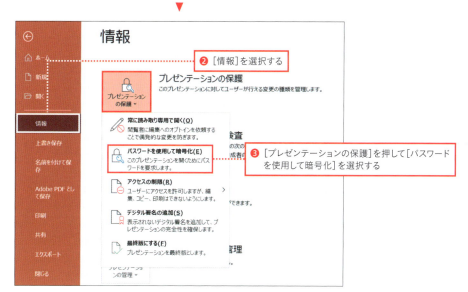

❷ [情報]を選択する

❸ [プレゼンテーションの保護]を押して[パスワードを使用して暗号化]を選択する

❹ 指定したいパスワードを入力して「OK」をクリックする

暗黙のワザ 43

―― 5.2 資料提出前の最終チェック ――

ファイルを圧縮して メールに添付する

ワザレベル1
😊 🙂 🙂

■「画像の圧縮」でサイズを小さくしよう

本書ではわかりやすい資料を作るため、写真やピクトグラムの利用を推奨してきました。しかし、資料内に画像が増えるとその分サイズも大きくなってしまいます。
容量の大きいファイルをメール添付で送ると、会社によっては送受信できるメールサイズに制限をかけている場合があり、スムーズな受け渡しができないことがあります。

資料を添付で送る場合、ファイルのサイズは1通あたり、2〜3MBまでに抑えるのが一般的です。画像を多用してサイズが大きくなってしまった場合は、「画像の圧縮」機能を利用して、サイズを小さくしてから送りましょう。なお「画像の圧縮」では、画質を落とすだけでなく、トリミングで切り出した際の残りの部分が削除されるため、編集途中の場合は注意が必要です。

ファイルを圧縮する

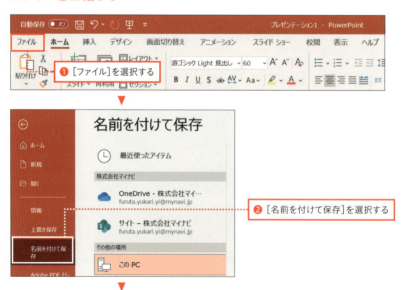

❶［ファイル］を選択する

❷［名前を付けて保存］を選択する

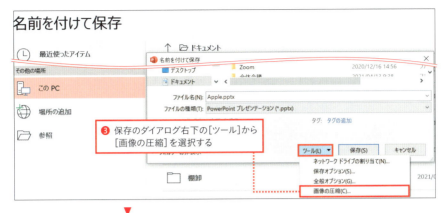

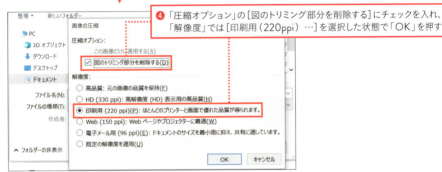

解像度は用途に合わせて選択しましょう。印刷しない資料であれば、「Web（150ppi）」または「電子メール用（96ppi）」を選択するのもよいでしょう。

Column

資料の送り方にも気を付けよう

相手へ資料を送る方法として、メールに直接添付する方法を思い浮かべる方が多いのではないでしょうか。しかし最近では、情報漏洩やウイルス感染対策などの観点から、メールに添付されたパスワード付きファイルを自動で削除する設定を導入している企業も増えています。
その代替案としてクラウドストレージに資料を保存し、ダウンロードリンクをメールで送る方法を用いている企業も多いため、資料の送付方法は事前に相手に確認しましょう。

―― 5.2 資料提出前の最終チェック ――

解説

桃太郎印 きび団子のご案内

本書の解説に沿って作成したスライドを活用した
主なワザと併せて紹介します。

■ スライド資料冒頭ページ

1ページ目　タイトル

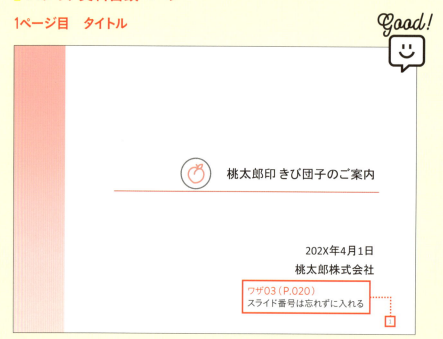

スライドの冒頭には必ず「タイトル」「サマリー」「目次」を追加します（P.063）。「サマリー」には、資料作成に至った経緯と概要を把握できる資料の要約を箇条書きで簡潔にまとめます。

2ページ目　サマリー

サマリー

ワザ12（P.078）
箇条書きの「・」は箇条書きコマンドで作成

ワザ20（P.119）
スポイトを使って企業のブランドカラーと同じ色を再現

- 先日お電話にて紹介させていただいた「桃太郎印 きび団子」のご試食と詳細のご説明をさせていただきにまいりました
- 「桃太郎印 きび団子」はおいしさ・かわいさ・ヘルシーさの観点からコンビニスイーツのメインターゲットである**20-30代女性の売上獲得・集客を狙える製品**です
- 上記に加えて、競合きび団子メーカーの製品と比較してもマージンが良好で店舗の利益に貢献できる製品です
- 製品の店頭テスト販売に向けて、まずは**お試しオーダーをご検討**いただけませんでしょうか

ワザ10（P.071）
重要な部分は文字強調で強調

ワザ11（P.073）
文字強調は最後にまとめて書式コピー

3ページ目　目次

目次

第1章解説（P.032）
ロゴはスライドマスターで一括設定

サマリー
「桃太郎印 きび団子」の3つの特徴
- きび団子の特徴 – おいしい
- きび団子の特徴 – かわいい
- きび団子の特徴 - ヘルシー

価格比較
今後のステップ
結論

メインページ

4ページ目　商品の概要

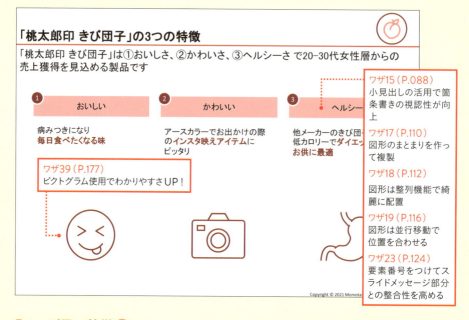

5ページ目　特徴①

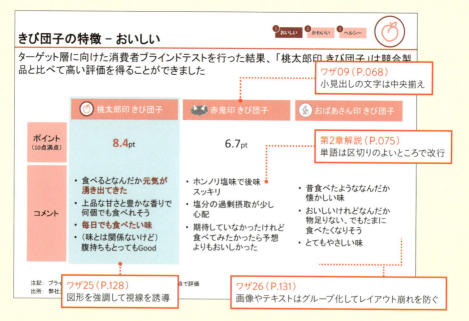

6ページ目　特徴②

きび団子の特徴 – かわいい

「桃太郎印 きび団子」は従来きび団子と比較して写真映えする出来栄えとなっています

- 独自開発の自然食品由来レシピ
  従来の黍（きび）色のみでなく、**鮮やかな色見**が可能に
- 自宅で／お出かけ先で撮影すれ**インスタ映え**すること間違いなし
- 三つ並んだ愛おしさ

ワザ36（P.171）
画像は「縦横比を固定」して拡大・縮小

ワザ37（P.173）
画像は資料のサイズに合わせてトリミング

ワザ38（P.175）
ビジネス資料では格好よさより見やすさを重視。「図のスタイル」は多用しない

7ページ目　特徴③

きび団子の特徴 – ヘルシー

「桃太郎印 きび団子」は他のきび団子に比べて低カロリーで、毎日食べても体重増加の心配はありません

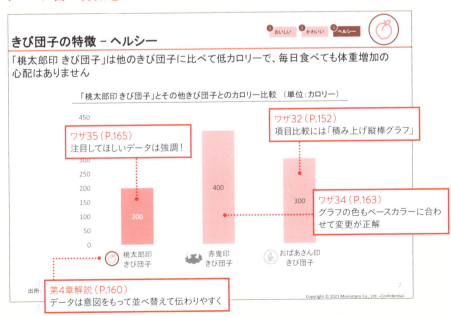

ワザ35（P.165）
注目してほしいデータは強調！

ワザ32（P.152）
項目比較には「積み上げ縦棒グラフ」

ワザ34（P.163）
グラフの色もベースカラーに合わせて変更が正解

第4章解説（P.160）
データは意図をもって並べ替えて伝わりやすく

第5章　提出前に要確認！　資料作成　暗黙のルール

8ページ目　その他（価格比較）

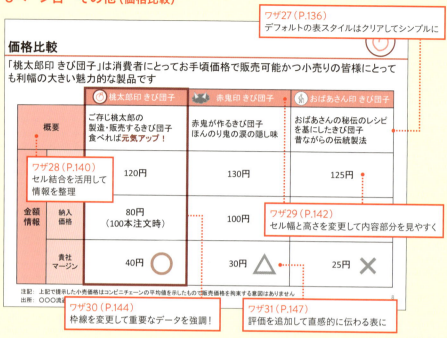

9ページ目　今後のステップ

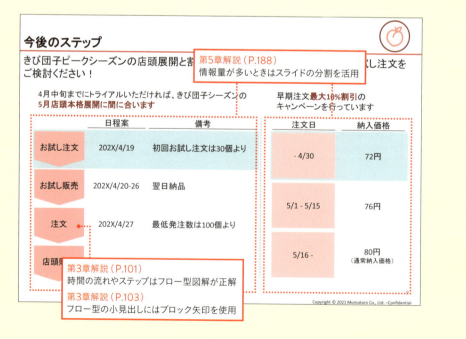

最終ページ

10ページ目　結論

結論

- 本日はおいしさ・かわいさ・ヘルシーさの観点からコンビニスイーツのメインターゲットである20-30代女性の売上獲得・集客を狙える「桃太郎印 きび団子」を紹介させていただきました
- マージンの観点からも**店舗の利益貢献が見込める製品**となります
- 本格導入を検討するためにまずはテスト販売用の30個セット購入をお勧めします
- 今週中にお試し注文いただければテスト本注文時の納入価格ディスカウントにも間に合いますので、**早めのお試し注文ご検討**をよろしくお願いいたします

 スライドの末尾には、必ず資料全体のまとめと相手に期待する行動を記載する「結論」を追加します。

スライドをダウンロードして活用しましょう

本書の解説に使用した参考スライドは下記URLからダウンロードできます。資料の作り方をはじめ、スライドマスターがどのように設定されているかを確認してみましょう。

https://academia.rubato.co/download-anmokurule/

INDEX

■ アルファベット

QATB ——————————— 040, 042

■ あ行

アクセントカラー ——————— 022
色のカスタマイズ ——————— 026
印刷設定 ————————— 015, 192
円グラフ ——————————— 156

■ か行

改行位置 ——————————— 075
ガイド ———————————— 016
箇条書き ——————————— 076
　——の階層 ——————— 081, 083
画像 —————————————— 169
　——の圧縮 ———————— 196
　——の背景透過 —————— 180
関連表（マトリクス） —————— 134
クイックアクセスツールバー —— 040, 042
グラフ ——————————— 150
　——の強調表現 —————— 165
　——の並べ替え —————— 160
グループ化 ————————— 131
結論スライド ————————— 064
小見出し —— 069, 084, 088, 095, 096

■ さ行

サマリースライド ——————— 064
色相環 ——————————— 023

視線移動 ——————————— 186
下書き ——————————— 060
ショートカットキー ———— 034, 038, 046,
　　　　066, 069, 074, 080, 111, 116
書式コピー —————————— 073
資料作成の流れ ———————— 047
資料の最終確認 ———————— 190
図解 —————————————— 094
　——の強調 ———————— 128
　——の整列 ———————— 113
　——の平行移動 —————— 116
スケジュール作成 ——————— 049
ストーリー作成 ———————— 055
スペルチェック ———————— 191
スポイト ——————————— 119
スライド構成 ————————— 063
スライドサイズ ———————— 015
スライドタイトル ——————— 013
スライドタイプ ———————— 060
スライド番号 ————————— 020
スライド分割 ————————— 188
スライドマスター
　　　　017, 024, 029, 030, 086
スライドメッセージ —————— 013
スライドレイアウト ————— 013, 031
線表（ガントチャート） ————— 134

■ た行

タイトルスライド ——————— 064

対比型	095, 098
伝える相手	053, 055
データ表（テーブル）	134
データラベル	153, 157
出所	013
トリミング	173

■ は行

背景色	022
パスワード	194
凡例	155, 158, 159
ピクトグラム	177, 183
一人歩きする資料	011
ひな形ファイル	037
ビュレットポイント	085
表	134
——の強調	144
——のセル結合	140
評価の追加	099, 147
フォント	027

フロー型	095, 101
ページ番号	013, 020
ベースカラー	022
棒グラフ	152
保存	034, 037, 196

■ ま行

目次スライド	064
文字揃え	069
文字の拡大と縮小	066
文字の強調	071

■ ら行

列挙型	095, 096
ロゴの挿入	032
ロジックツリー	077

■ わ行

ワンスライド・ワンメッセージ	059

参考文献

『PowerPoint資料作成 プロフェッショナルの大原則』松上 純一郎（技術評論社）

『ドリルで学ぶ！ 人を動かす資料のつくりかた』松上 純一郎（日本経済新聞出版）

AUTHOR

中川 拓也 なかがわ たくや

慶應義塾大学環境情報学部卒業。

旅行会社にて訪日誘客事業や受け入れ環境整備事業、文化交流プログラムの開発、国際会議やグローバルミーティングの運営業務などに従事。その後、観光系シンクタンクにて、マーケティング戦略や事業戦略、CRM 推進などの支援業務に従事。特に e スポーツ・ツーリズムに関しては、参入検討企業や自治体の支援、文化の普及や社会の偏見払拭などを目指し講演や寄稿などを行う。現在は観光業界における DX 推進に携わっている。

見る人が驚くような、芸術性のある美しい資料を作りたいという思いから、Rubato に参画。

大塚 雄之 おおつか たけし

米アリゾナ州 サンダーバード国際経営大学院修了。

3M Japan にてアカウンティング、キャッシュマネジメント、組織再編、新規ビジネス開発、新製品開発、製品マーケティングに従事。その後、3M Japan、Mars Japan Limited にて経営計画・経営管理（FP&A）を担当し主に B2B と消費財ビジネスの予算策定・実績管理とプロジェクト投資意思決定に携わる。

現在は米系医療メーカーで、ファイナンスの観点から vision 策定と戦略実行のサポートを行っている。

資料作成を通し世界における日本のポジション向上と様々な人間がそれぞれの場所で輝くサポートを行うため、Rubato に参画。

丸尾 武司 まるお たけし

関西学院大学総合政策学部卒業、神戸大学大学院国際協力研究科修了。

半導体製造装置メーカーにて、営業を担当後、マーケティング部で新製品の企画開発および提案活動の支援に従事。学ぶことは「自分の意志で、人生を切り開くことに通じる」という信念のもと、現在は人事部で研修の企画運営や社内講師など人材育成業務に携わる。Rubato で学んだ資料作成スキルが提案業務に役立つことを実感し、多くの人に広めたいという思いから、Rubato の活動に参画。講師、受講生の資料添削ならびにスタッフの育成などを行う。

渡邉 浩良 わたなべ ひろよし

獨協大学法学部、筑波大学大学院人間総合科学研究科世界遺産専攻修了。
観光に特化したシンクタンク、ツーリズム・マーケティング研究所で、公共団体や国際
協力機関などへの観光マーケティング戦略策定支援などの業務に従事。大手旅行会
社の研究所、海外オンライン旅行会社のUXリサーチチームへの出向を経て、大手旅
行会社の本社に出向中。
東京国際大学兼任講師や山梨大学非常勤講師なども務める。
外資系コンサルに競争企画入札で負け続けた経験から資料作成を研究。資料作成
が苦手な人でも、やればできるようになるとの信念からRubatoに参画。

【監修】松上 純一郎 まつがみ じゅんいちろう

同志社大学文学部、神戸大学大学院、英国University of East Anglia修士課程修了。
米国戦略コンサルティングファームのモニターグループ（現モニターデロイト）で、製薬
企業のマーケティング・営業戦略、海外進出戦略の策定に従事。その後NGOのア
ライアンス・フォーラム財団にて企業の新興国進出サポートなどに携わる。
現在は株式会社Rubato代表取締役を務める。自身のコンサルティング経験から、提
案をわかりやすく伝える技術を広めるべく、個人・企業向けに研修を提供している。
著書に『PowerPoint資料作成 プロフェッショナルの大原則』（技術評論社）などが
ある。

株式会社 Rubato

「人がよく生きることを実現する」をモットーに、資料作成やロジカルシンキング
などのビジネスコアスキルを中心とした研修を個人や法人向けに提供している。
資料作成のスキルを高めたい方に対して「Rubatoアカデミア」というスクール
を運営しており、提供する講座の中でも「戦略的プレゼン資料作成2日間集中
講座」は2010年から1,500名以上が受講しており、ビジネスパーソンの着実
なスキルアップを実現している。

https://academia.rubato.co/

STAFF

ブックデザイン：岩本 美奈子
カバーイラスト：docco
DTP：AP_Planning
担当：古田 由香里

この1冊で伝わる資料を作る！
PowerPoint 暗黙のルール

2021年10月22日　初版第1刷発行

著者　中川拓也、大塚雄之、丸尾武司、渡邉浩良
監修　松上純一郎
発行者　滝口 直樹
発行所　株式会社マイナビ出版
　　　　〒101-0003　東京都千代田区一ツ橋2-6-3 一ツ橋ビル 2F
　　　　☎0480-38-6872（注文専用ダイヤル）
　　　　☎03-3556-2731（販売）
　　　　☎03-3556-2736（編集）
　　　　編集問い合わせ先：pc-books@mynavi.jp
　　　　URL：https://book.mynavi.jp
印刷・製本　シナノ印刷株式会社

©2021 中川拓也, 大塚雄之, 丸尾武司, 渡邉浩良, 松上純一郎, Printed in Japan.
ISBN 978-4-8399-7625-5

- 定価はカバーに記載してあります。
- 乱丁・落丁についてのお問い合わせは、TEL：0480-38-6872（注文専用ダイヤル）、
  電子メール：sas@mynavi.jpまでお願いいたします。
- 本書掲載内容の無断転載を禁じます。
- 本書は著作権法上の保護を受けています。
  本書の無断複写・複製（コピー、スキャン、デジタル化等）は、
  著作権法上の例外を除き、禁じられています。
- 本書についてご質問等ございましたら、マイナビ出版の下記URLよりお問い合わせください。
  お電話でのご質問は受け付けておりません。
  また、本書の内容以外のご質問についてもご対応できません。
  https://book.mynavi.jp/inquiry_list/